JN117502

宇宙飛行士は見た

宇宙に行ったらこうだった！

改訂版

宇宙飛行士 山崎 直子 著

repicbook

©NASA

はじめに

さあ、宇宙へようこそ！

私が宇宙飛行士を目指した原点は、小学生のときに星や宇宙が好きになったからです。特に宇宙の話は、子どもの頃の私の想像力をかき立ててくれました。

たとえば、「望遠鏡で月のクレーターや土星の輪を見て、手を伸ばせば届きそうに思えたこと」「北極星の光が地球に届くには約430年もかかるため、豊臣秀吉が天下統一を果たす以前の北極星の光を、いまの私たちが見ていることを知り、宇宙がタイムマシンに思えたこと」「星にも一生があること」「星のかけらから地球も人間もできていることを知り、人間も星と兄弟であり、宇宙を故郷だと感じたこと」などです。宇宙飛行士になってからも、「宇宙が好きという子どもの頃の思い」は、長い訓練での不安の支えになってくれていました。

私がこんなにも宇宙に魅力を感じるのは、分からないことがたくさんあるからです。

「地球以外にも生命は存在するのか」「宇宙はひとつだけなのか」「宇宙の果てはどうなっているのか」「宇宙の90％以上を占めるといわれる暗黒物質や暗黒エネルギーの正体は何なのか」「私たちはどこから来て、どこへ向かおうとしているのか」など、疑問が尽きることはあ

2

©NASA

りません。宇宙を知ることは、地球のこと、私たち自身のことを知ることでもあるのです。

ユーリイ・ガガーリン飛行士が人類で初めて宇宙に行ってからおよそ60年。宇宙に行った人の数も世界中で600人になろうとしています。今の私の夢は、宇宙旅行が身近になり、宇宙で人が暮らす時代になり、宇宙飛行士という言葉がなくなるくらいのたくさんの人が宇宙に行くようになることです。そうすれば、コックさん、美容師さん、学校の先生、お医者さん、芸術家、工場で働く人、YouTuberなど、いろいろな職業の人が宇宙で活躍する時代になると思います。

またこれからは、宇宙と関わる仕事もどんどん増えていくと思います。現在でも、天文学者、地上管制官、ロケットや人工衛星や探査機を作るエンジニア、人工衛星のデータを解析して地球の課題解決に役立てる人、宇宙での実験を考える研究者、宇宙の法律家など、たくさんの人が宇宙と関わる仕事をしています。いまや宇宙は遠い世界ではないのです。

この本が、みなさんの好奇心を広げる旅の友となることを願っています。

山崎　直子

3

もくじ

©NASA

第三章　宇宙飛行士を知りたい

©NASA

©NASA

©NASA

1.0

1 宇宙って どんな場所

宇宙にはどのくらいで着きますか

訓練も本番のつもりで！

©NASA

スペースシャトルの実物大模型にて、実際の宇宙服を着て訓練している様子

宇宙へはあっという間に到達してしまいます。国際宇宙ステーションが周っている高度400kmまでだと、8分30秒です。宇宙船のスペースシャトルに乗るまで11年も訓練してきたのに、わずか8分30秒で宇宙に到着してしまうとは、なんだか拍子抜けしてしまいますね。

スペースシャトルの打ち上げでは、約3Gの力を感じながら宇宙に向かいました。Gとは重力加速度のことで、簡単に言うとスピードが変化したときに感じる力のことです。たとえば、車が急に発進したときやジェットコースターに乗ったときに、体がシートに押し付けられる感覚のことです。止まっているときが1Gになります。激しいジェットコースターで3〜5Gだそうです。

たまにアニメなどで発射時に宇宙飛行士が椅子に座っているシーンがありますが、スペースシャトルでは宇宙

©NASA

スペースシャトルの垂直発射の様子

飛行士は上向きに寝ています。これは、寝た状態のほうが人間の体がGに耐えられるからです。

またスペースシャトルは固体燃料も使用しているため、ガタガタと激しく揺れます。それが、高度400kmに到達してエンジンが止まった瞬間、それまで感じていた3Gの加速度から解放され、体が前のめりになり（電車や車でも急ブレーキをかけると前のめりになりますがそんな感じです）、シートベルトを外すと、すでに無重力の世界になっているのです。

実はアメリカのフロリダ州にあるケネディ宇宙センターに行くと、誰でもスペースシャトルの垂直発射の打ち上げを体験することができます。これは、見学者向けの『シャトル発射体験アトラクション』で、スペースシャトル風の乗り物に乗組員として参加できるのです。

13

宇宙はどこの国のものなの？

国際宇宙ステーション　©NASA

宇宙は、どこの国のものでもありません。これは、1967年に作られた宇宙条約で決められています。この条約には、「どの国の人でも自由に調査ができる」ことや「平和的に利用しなければならない」ことなどが書かれています。現在では、100以上の国が賛成しています。

それなら、宇宙船や国際宇宙ステーションなど"宇宙"で過ごしている間は、どこの国の法律も守らなくていいの？　と、思うかもしれません。しかしこれは間違いで、ロシアのソユーズ宇宙船の中ではロシアの法律を、アメリカの宇宙船の中ならアメリカの法律を守らなければなりません。それなら、どこの国のものでもない月や国際宇宙ステーションではどうなの？　と、思いますよね。

宇宙ステーションではどうなの？　と、思いますよね。

この場合は、自分の国の法律を守ることになります。

たとえば国際宇宙ステーションで結婚する場合、イギ

月から見た地球のイメージ図

リス人男性なら16才から結婚できますが、日本人男性は18才からでないと結婚できないのです。

また、月は誰のものでもないのに、「ルナエンバシー」という会社が、月の土地を販売しています。しかも案外手ごろな2700円（2024年3月現在）という価格で、月の土地権利書を買うことができるのです。驚きますよね。宇宙条約で、月の土地を国が所有することは禁止されているのですが、個人の所有については特に決められていなかったため、「月の権利宣言書」を作成し、国際連合やアメリカ合衆国、ソビエト連邦（当時）の各政府に提出したところ、認められてしまったのです。

ヨーロッパでは、バレンタインデーや誕生日のプレゼントとして人気があるそうです。しかもいまでは、火星や金星の土地も売られているようです。

15

どのくらい上に行けば宇宙なの？

スペースシャトル
（高度約 400 km）

カーマン・ライン
（高度 100 km）

宇宙空間

大気圏

スペースバルーン
（高度 30 〜 50 km）

旅客機
（高度約 10 km）

「宇宙条約」では、地面からどのくらい上まで行けば"宇宙"になるのか、決めていません。

空気がなくなったら宇宙だと考える人もいるようですが、この考えでははっきりとした基準が作りづらくなります。空気は宇宙に着いたとたんになくなるわけではなく、上に向かうほどに、少しずつ減っていくからです。

空気のある部分を「大気圏」と呼ぶことがありますが、スペースシャトルや国際宇宙ステーションが飛んでいる高度400kmあたりは、まだ大気圏内となります。

一般的には、「ほぼ空気がなくなる」高度80〜100km以上からを「宇宙空間」と呼んでいます。国際航空連盟では、高度100kmをカーマン・ラインと呼び、そこから上を宇宙空間、下を地球の大気圏としています。アメリカ空軍では、高度80kmから上を宇宙空間としています。

風船は宇宙まで届くの？

巨大風船から
ダイビング！

風船は空気がないと飛ぶことができないため、宇宙空間には届きません。しかし、JAXAやNASAでも超巨大な気球による宇宙開発を行っています。「高高度気球」と呼ばれる水素やヘリウムで膨らませたゴム製の気球で、18～60km程度の高さまでなら到達できます。

この高高度気球はスペースバルーンと呼ばれており、これを使って、成層圏や中間圏の高さから撮影を行うスポーツもあります。正確には宇宙ではありませんが、暗黒の空が撮影されるなど、宇宙から見ているような景色を楽しむことができます。

中には、55階分のビルの高さほどある巨大ヘリウム風船を3時間かけて約39kmまで上昇させた後、宇宙服でスカイダイビングを成功させた人もいます。なんと落下のスピードはマッハ1・24（マッハ1で音と同じ速さ）でした。

宇宙空間は寒い場所なの？

外気圏
(800 〜 10,000 km)

国際宇宙ステーション

熱圏
(80 〜 800 km)

宇宙空間

カーマン・ライン
(高度 100 km)

中間圏
(50 〜 80 km)

大気圏

成層圏
(12 〜 50 km)

対流圏
(0 〜 12 km)

旅客機

私たちの生活では、山の上ほど気温が低く、上空に行けば行くほど温度は下がります。1km上がると6・5℃下がるので、高度10kmを飛ぶ飛行機の周りの温度は、平均でマイナス40℃くらいになります。そう考えると、宇宙は寒い場所と思うかもしれませんが、これは対流圏だけの世界になります。

空気のある大気圏は、地面から近い順に対流圏、成層圏、中間圏、熱圏、外気圏に分けられます。地面から12kmまでが対流圏、その上の高度12〜50kmが成層圏になります。成層圏にはオゾン層があり、太陽から届く紫外線を吸収するときに熱が発生するため、上空にいくほど温度は上がります。高度12kmあたりの温度はマイナス70℃ほどですが、高度50km付近では0℃近くになります。

次の中間圏は、高度50〜80kmで大気圏のなかでもっと

〔km〕

オーロラ

温度

熱圏

高度

中間圏

気象ロケット

成層圏

ラジオゾンデ

旅客機

対流圏

―80　　　―40　　　0　　　40　　　80〔℃〕

120 ― 110 ― 100 ― 90 ― 80 ― 70 ― 60 ― 50 ― 40 ― 30 ― 20 ― 10 ― 0 ―

も温度が低く、高度80km付近でマイナス90℃くらいになります。

その上が熱圏で、高度80〜800kmです。熱圏と呼ばれるだけあって、高度が100kmを超えたあたりから急激に温度が上がります。人工衛星や国際宇宙ステーションが飛行している高度400kmあたりで1000℃くらいにまでなるので、想像もつかない世界です。宇宙飛行士は、そんなに暑い場所で働いているの？と、信じられないかもしれませんが、熱を伝える空気が少ないので、暑さは感じないのです。

ちなみに、国際宇宙ステーションの中は常にエアコンがついているため、20℃前後と快適で半袖の人もいます。

最後が、高度800〜1万kmの外気圏で、温度は1000〜2000℃くらいになります。

19

宇宙に行けば無重力空間なの？

©NASA

地球を背に記念撮影

宇宙＝無重力と思っている人はたくさんいると思いますが、多くの場合、宇宙空間は無重力ではありません。

みなさんの中には、宇宙飛行士が、スペースシャトルや国際宇宙ステーションでふわふわと浮いている映像を見たという人もいると思います。しかし宇宙飛行士は、宇宙が無重力空間だから浮いていたのではなく、スペースシャトルや国際宇宙ステーションの中が無重力空間（正確には無重量）だから浮いていただけなのです。

ちょっとややこしいので、分かりやすく説明しますね。

まず、国際宇宙ステーションは地面から約400km上空を飛んでいますが、これは東京から大阪くらいの距離と同じになります。この距離だと、実は88％くらいの重力の影響を受けています。しかし国際宇宙ステーションは90分で地球を一周するほどのとても速いスピードで飛んで

20

遠心力
国際宇宙ステーション
重力

遠心力 と 重力が
打ち消し合って無重力となる

遠心力
向心力
中心

遠心力＝外に飛ぼうとする力

いるため、遠心力の影響も受けているのです。

遠心力とは外に飛ぼうとする力のことです。たとえばハンマー投げはハンマーをくるくる回すことで遠くに飛ばしています。そして外に飛ぼうとする力は、速く回転するほど強くなります。国際宇宙ステーションは時速2万8千㎞という新幹線の100倍のスピードで地球を回っているため、重力と同じ力の遠心力が働き無重力になるのです。それなら、地球からもっと離れたらどうなるの？　と、思いますよね。でも宇宙にはたくさんの天体があるため、どの天体からも重力の影響を受けない場所というのは、なかなかありません。では、無重力空間は存在しないのかというと、そんなことはなく、天体と天体の重力が釣り合うような、本当に限られた一部の場所にだけに存在し、「ラグランジュポイント」と呼ばれています。

星に触ることができますか

この星は
触れるかな

難しい質問ですね。これは、「星によって違う」としか

いいようがありません。

星と呼ばれる天体には、太陽のように輝く恒星、地球の

ような惑星、小さな小惑星などがあります。星は地球から

見ると光り輝く小さな点にしか見えませんが、実際は大

きさも、温度も、何でできているのかも違うのです。

たとえば、太陽は表面の温度が約6000℃もあるた

め熱すぎて触れません。木星や土星もガスでできていて、

地球で言うような「地面」がないため、触ろうとしても手

がすり抜けてしまいます。

月や火星は地面があるので宇宙服を着た状態であれば

触れます。実際にアポロ計画では月に着陸し、12人の宇宙

飛行士が月に触っています。『はやぶさ2』が向かった

小惑星にも地面があり、宇宙服を着ていれば触れます。

宇宙から星は、どのように見えますか

国際宇宙ステーションから見た星空

©NASA

宇宙では地球で見るよりもたくさんの星を見ることができます。ただし、遥か彼方まで行かない限り、国際宇宙ステーションや月くらいの距離では、星座の形は地球と変わりません。宇宙と地球との一番の違いは光り方です。

地球から星を見ると、光が揺らいで、チカチカとまたたいて見えますよね。このチカチカは「シンチレーション」と呼ばれ、空気を通して星を見るために起こる現象で、宇宙ではこのチカチカはありません。空気の無い宇宙で星を見ると、光がまっすぐに澄んで見えるのです。まさにプラネタリウムのようです。地球では、空気が薄い高い山の上に天文台を作ることが多いですが、これはシンチレーションの影響を避けるためです。ハッブル宇宙望遠鏡など宇宙に打ち上げられた望遠鏡からは、シンチレーションの影響を受けることなく、星を観察できます。

宇宙にもゴミはあるのですか

宇宙ゴミのイメージ図

1950

2019

提供：アストロスケール

宇宙開発が進んだことで、地球の周りに大量の宇宙ゴミがあふれていることがわかる

古くなって使えなくなった人工衛星やロケット打ち上げで使用して切り離した上段部、打ち上げに失敗したロケットなどが宇宙に漂い、それらが「宇宙ゴミ（スペースデブリ）」となっています。10cm以上のサイズになると地上から観測できますが、その数は2万個以上もあるといわれています。しかも宇宙空間にはほとんど空気がないため、宇宙ゴミは長い間落下することなく高速で飛び続けます。

どのくらい高速かというと、秒速8km（マッハ25）。このため、わずか1cmでも大きな破壊力があり、「飛んでいる弾丸」と呼ばれるほど、宇宙船の天敵になっています。もちろん宇宙船側も対策をしており、10cm以上の宇宙ゴミが近づいたときは、地球からの観測による警報を受けて避けています。しかしそれより小さな宇宙ゴミになると気づかずにぶつかってしまうことがあるのです。

©JAXA

私がスペースシャトルに15日間滞在している間にも、窓ガラスにひびが入っていたことが3回もありました。

もし、完全に割れてしまっていたら、スペースシャトル内の空気が漏れ出して大変なことになっていたと思います。

そう考えると、小さくても破壊力のすごい宇宙ゴミは、本当に怖いのです。

実は2009年2月に、世界で初めて人工衛星同士の大きな衝突事故がありました。ぶつかったのは、使用中のアメリカの人工衛星と、ロシアの使われていない人工衛星でした。この事故で両方の人工衛星が壊れてしまっただけでなく、宇宙ゴミが千個以上生まれたといわれています。このように、宇宙ゴミ同士の衝突や宇宙ゴミと人工衛星との衝突により、宇宙ゴミはどんどん増えているのです。

宇宙ゴミは掃除しないの？

提供；アストロスケール

アストロスケール社が開発した宇宙デブリ除去衛星実証機『ELSA-d』

　宇宙ゴミ（宇宙デブリ）の掃除については、いろいろなやり方が世界中で研究されています。最近実験されたのは、魚を捕まえるみたいに網のようなもので宇宙ゴミをすくい、そのまま落下させて大気圏で燃え尽きさせる方法です。また、使われなくなった人工衛星などにレーザーを当てることで大気圏へ突入させ、処分する方法も研究されています。このように宇宙ゴミが注目される中、「宇宙専門のゴミ回収会社」が誕生しはじめています。そ

の中の一社、アストロスケール社は、回収したい衛星などにあらかじめ磁石に付く部品を取り付けてもらい、打ち上げた回収用衛星の磁石とくっつけ、大気圏で燃え尽きさせるという方法を採用しています。JAXAでも宇宙デブリ対策を企業と共創しており、内閣府では広い範囲で宇宙ビジネスのアイデアコンテストを開催しています。

宇宙から見た地球はどんな感じ

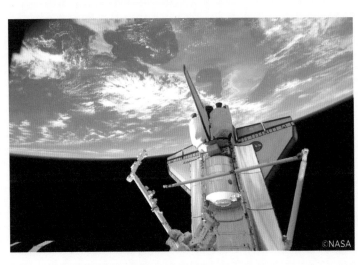

©NASA

人類史上初の宇宙飛行を成功させたソ連の宇宙飛行士、ユーリイ・ガガーリンの「地球は青かった」が有名ですが、実際は「空は非常に暗かった。一方、地球は青みがかっていた」が正しいようです。

私が宇宙から見た地球も青く輝いており、まるで生きているかのように見えました。雲は流れ、海流は動き、北極や南極に近いところではオーロラがきらめき、昼は大自然の力強さ、夜は人の営みは街の灯りが輝き、昼は大自然の力強さ、夜は人の営みの力強さを感じさせてくれています。それは一人ひとりが苦難を乗り越えつつ、一生懸命生きているからこその生命の輝きなのだと感じます。

私は地球を見たとき、生まれてきたことに心から感謝するだけでなく、この輝きを未来へとつないでいきたいと思いました。

宇宙に匂いはありますか

ちょっと焦げた
ラズベリーに
似た匂い？

©NASA

空気のない宇宙には、匂いはないものと、私も思いこんでいました。しかし実際に宇宙に行ってみて、「宇宙の匂い」を知ることができました。もちろん、生身で宇宙空間に出て、宇宙の匂いを確かめたわけではありませんが、船外活動を終えた宇宙飛行士が宇宙船に戻ってきたときに、ちょっと甘酸っぱいような、焦げたような匂いが宇宙服についているのを感じたのです。

船長に尋ねると、これこそが「宇宙の匂い」だと教えてくれました。研究者によると、宇宙空間にはまったく何もないわけではなく、少しの分子や有機物があり、ギ酸エチルという成分が甘酸っぱい匂いを、イオンの高エネルギー振動が金属の焼けたような匂いを出しているとのことです。これらの成分が宇宙服について、匂いが伝わってきたのです。

宇宙の果てってどこですか

私たちが天体を見ることができるのは、天体の光が地球まで届いたからです

1万光年離れた天体の光が地球に届くには、1万年の時間がかかる。いま私たちが観察している1万光年離れた天体の姿は、1万年前の姿であり、宇宙が誕生する前（138億年前）の光は地球に届かない。そのため、138億光年より離れた天体の観察はできない。

地球から約138億光年離れた場所が「宇宙の果て」だという意見があります。ではそこから先は、宇宙がないのか？　と思うのは間違いです。私たちの宇宙が138億年前に生まれたため、どんなに遠くまで観測できる望遠鏡を作っても、それより遠くの宇宙は地球からは見えないのです。どういうことかというと、私たちは光を見ているため、光で138億年かかる範囲までの宇宙しか見ることができないわけです。ただ宇宙はふくらみ続けているため、約138億光年前の「宇宙の果て」の場所は、今の宇宙で測れば、約470億光年先になります。そのため約470億光年先を「観測可能な宇宙の果て」と呼んだりします。実は国立天文台制作のMitakaというフリーソフトを使うと、自宅のパソコンからでも、地球から宇宙の果てまでの最新の姿を見ることができます。

©NASA

SPEED
LIMIT
7500

28000
km/h

2 宇宙食の
いろいろ

宇宙食のはじまりを教えて

©NASA

国際宇宙ステーションで手巻き寿司を振る舞う様子

その昔、「無重力で食事をすると、のどに詰まらせるかもしれない」という心配から、宇宙食といえばドロドロにすりつぶした食べ物を、歯磨き粉チューブに詰めたものでした。しかし1965年、この宇宙食を嫌がったアメリカの宇宙飛行士が、宇宙に到着してから食べようと、サンドイッチをポケットに隠して地球を出発したそうです。

しかし、長時間ポケットに入れてあったためパンも乾ききってしまい、宇宙船の中にパンくずが飛び散って大変だったそうです。このときパンくずが機械の中に入り込んでいたら、機械を壊していたかもしれません。こうしたことがきっかけで、宇宙食の開発が進むようになったのです。今では300種類ほどが宇宙食のメニューになっていて、カレーや白米、ラーメンなど日本食も数十種類あります。もちろん、アメリカ食やロシア食もあります。

宇宙食は普通の食べ物と何が違うの？

ニオイが強いと宇宙船が大変なことに！

宇宙食は衛生面がとても重要です。これは、宇宙でお腹が痛くなっても病院に行けないからで、そのため生きている菌の多い食べ物は持っていけません。たとえば日本人が大好きな納豆や漬物は認められていません。

また、宇宙船の中で食べても危険でないことが大切です。食べ物で危険って不思議ですよね。たとえば、スープのような液体は飛び散らないようにとろみをつけたり、ストローで飲めるように工夫したりしています。細かい食べカスがでるものも、宇宙船のエアコンの中に入って壊してしまう危険があるため禁止です。また、狭い空間のため臭いの強い食べ物も禁止されています。

この他にも、国際宇宙ステーションには実験用以外の冷蔵庫がないため、常温での賞味期限が1年半以上ないと宇宙食として認められません。

宇宙食にはどのような国の料理があるのですか

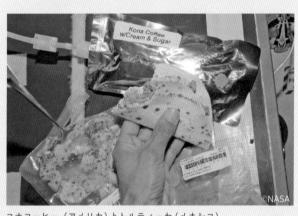

コナコーヒー（アメリカ）とトルティーヤ（メキシコ）

宇宙には、いろいろな国の宇宙飛行士が行くため、宇宙食も年々国際色豊かになっています。

フランスでは三つ星レストランの有名シェフがプロデュースした料理を缶詰にした「宇宙コース食」が作られました。また、カナダの宇宙飛行士が旅立つときには、カナダの特産品であるメープルシロップ入りのクッキーやスモークサーモンが用意され、韓国では、乳酸菌を使用しないキムチが宇宙食として開発されました。

これらの宇宙食は、誰もが食べられる「標準食」ではなく、各宇宙飛行士が自分のために用意できる「特別食」として宇宙に持って行くことがほとんどです。しかし宇宙飛行士の評判がいいと、標準食になることもあります。

トルティーヤは、宇宙でもくずが出なくて食べやすいということで特別食から標準食になりました。

宇宙食はおいしいですか

©JAXA

最近では種類もかなり増えて、だいぶおいしくなっています。

意外かもしれませんが、宇宙食にはスーパーで普通に売っているものもあります。パッケージを宇宙用に変えただけで、味はまったく同じです。

ただ宇宙船や国際宇宙ステーション内は無重力空間のため、頭に血がのぼったような状態になりがちで、風邪をひいて鼻詰まりを起こした時のようになります。そのため、同じ食べ物でも、宇宙で食べるとあまりおいしく感じなくなるようです。結果、宇宙飛行士には味が濃いものやスパイスの効いたものが好まれています。宇宙で食べるカレーは少し辛口です。

興味があれば、ネットなどで売っていますので挑戦してみてください。

宇宙食の味付けは地球のものと同じですか

液体タイプの塩

液体タイプのコショウ

©NASA

宇宙では、頭に血や体液がのぼってしまうため、鼻づまり気味になり、風邪をひいたときのように、味がぼんやり感じられる人もいます。そのため宇宙食は、地球の味付けよりも少し濃い、スパイスを効かせたものになっています。たとえば、宇宙食用に開発されたカレーには、カレーの基本スパイスのひとつであるターメリック（ウコン）が通常の1・7倍も入っています。

国際宇宙ステーションには、ケチャップ、ソース、マヨネーズ、塩やコショウも用意されていますが、これらの調味料も、宇宙への滞在日数が長くなると、だんだん使う量が増えていくようです。最近は日本のわさびも人気だそうです。塩やコショウは、地球で使うような粉状のままだと飛び散ってしまうため、水や油に溶かした液体タイプのものを使います。

食べるときは何を使うの？

器用にいくつものパックを持ってスプーンに絞り出す様子。奥に有名なお菓子も！

まずは宇宙食専用の調理器具から紹介します。メインで活躍するのは「フードウォーマー」と「給湯給水機」です。

フードウォーマーは、カバンのような形をしていて、宇宙食をパックや缶ごと温めることができます。ただし、手で触っても火傷しない温度にしか温まらないため、電子レンジのように短い時間で温めることはできません。ご飯のパックで30分くらいかかります。

給湯給水機は、宇宙食をパックごとセットしてつまみをひねると、決まった量の水やお湯を注いでくれます。お湯の温度は、火傷しないように約80℃と低めです。

宇宙食は食器を使わずパックから直接食べます。カレーもお皿に盛ってではなく、ご飯をカレーのパックに入れるか、口の中で混ぜながら食べます。パックのまま食べるのは味気なく、宇宙食用の食器があればと思います。

宇宙では料理はしないの？

こんな風に作ってるよ

©NASA

宇宙船には、包丁やまな板、コンロなどもありませんが、包丁や火を使わない料理ならば可能です。私は野口さんと、国際宇宙ステーションで手巻き寿司を振る舞ったことがあります（32ページ参照）。具材は、ロシアの魚の缶詰や南極昭和基地の保存食である卵焼きなどでした。普段は、宇宙食を食べる前に温めたり、水で戻したりする程度ですが、バリエーションが増えると食事も楽しくなりますね。

最近ではイタリアの宇宙飛行士がピザを作ったり、アメリカの宇宙飛行士がチーズバーガーを作ったりしています。このときの宇宙ピザは、生地にケチャップを乗せ、具をトッピングし、アルミホイルで包んでからフードウォーマーで温めたもの。包丁がないため、ハサミで切って食べたそうです。チーズバーガーは、くずの出やすいパンの代わりにトルティーヤを使用したそうです。

38

宇宙食に炭酸飲料はありますか

宇宙で炭酸飲料を飲むのは大変

炭酸飲料は、しゅわしゅわの泡がおいしいのですが、宇宙ではこの泡が問題になります。地球上では、泡は細かいまま水面に上がって消えてしまいますが、無重力空間では泡が水面まで上がってこないのです。しかも液体の中で泡同士が合体して大きく成長し、泡に押された液体のほうが噴き出してくるのです。

過去には、安全ロック付きの、レバーを押したときだけ飲み物が出るようにした特別な容器に入れたコーラを、スペースシャトルで持っていったという記録があります。

しかしスペースシャトルや国際宇宙ステーションには、実験用の冷蔵庫はありますが、食べ物を保管するための冷蔵庫はありません。大変な思いをして持っていったのに、ぬるくておいしくなかったからか、最近は誰も持って行かないようです。

宇宙でお酒は飲めますか

何かの形に似てない？

©NASA

お酒は禁止です。アルコールは燃えやすいため、宇宙船に持ち込むには危険であり、飲酒運転になるからです。そのため国際宇宙ステーションの中ではお茶やジュースで乾杯をします。ただ、「缶ビール、ISS（国際宇宙ステーション）に早く届かないかな」と、宇宙飛行士が言うことがあります。何のことだかわかりますか？

ヒントは、大きさが大型バス1台分、重さが10トンもある缶ビールです。

答えは、日本がH−ⅡBロケットで打ち上げてきた無人の宇宙船『こうのとり』のことで、食品や服などの生活必需品や実験装置を運んでくれる宇宙ステーションの補給機です。最大で6トンの荷物を運ぶ『こうのとり』が缶ビールのような円柱型で金色のため、宇宙飛行士がジョーク混じりに「缶ビール」と呼ぶことがあるのです。

宇宙でコーヒーは飲めますか

宇宙用のカップでコーヒーを飲む様子

私の頃は、コーヒーは粉末タイプでパックに入っており、お湯や水で溶かしてストローで飲んでいました。

国際宇宙ステーションの給水装置は、常温水だけでなく、80℃くらいのお湯も使えます。私は甘党のため、砂糖とクリーム入りのものを持っていきました。作業で疲れたときは、わざとお湯を少なめに入れ、濃くしたコーヒーを楽しんでいました。

油井亀美也宇宙飛行士が宇宙用のカップでコーヒーを飲んだように、いまでは普通にコーヒーをすすって飲むためのカップが開発されています。上から見るとしずく型をしており、飲むときはとがった方を口につけます。

この不思議な形のおかげで、ふたが無く無重力でも表面張力によってコーヒーがこぼれないのだそうです。しかも、上が開いているのでコーヒーの香りも楽しめます。

宇宙に好きな食べ物を持っていけますか

アルコール類は燃えやすいから禁止！

宇宙飛行士は、好きな食べ物を宇宙船に持っていくことができます。ただし検査があるため、何でもかんでもは持っていけません。たとえば、お酒は禁止ですし、生きた菌を多く含む一般的なキムチや納豆を持っていくことはできません。また、アルコールは引火しやすくエアコンのフィルターにも負荷をかけるため、お酒に限らずアルコールを含む香水やマニキュア、消毒用ウェットティッシュの持ち込みもできません。動物や植物も、あらかじめ決められた実験用以外は持っていくことができません。

食べ物以外にも、宇宙飛行士は休憩時間用に好きな本やDVDを持っていくことができます。もちろん、家族や友人とメールすることもできます。ただ狭い空間での生活が続くため、心の負担が大きく、たまにうつ状態になったりする場合もあります。

42

国際宇宙ステーションで食べ物を育てることはできますか

©NASA

国際宇宙ステーションでは、レタス、大豆、東京べか菜（白菜の一種）などの野菜を育てています。

宇宙で育ったレタス第一号を食べたのは、レタス農家出身の宇宙飛行士、油井亀美也さんです。残念ながら私は宇宙野菜を食べたことがありません。

地球では太陽の光で野菜を育てていますが、国際宇宙ステーションでは特別なLED照明を当てて育てています。植物が栄養を作る光合成に必要となる赤と青の明かりを強くした赤紫色の照明です。赤紫色の光で照らされて育つ野菜は怪しい雰囲気がありますが、肥料も調節しているため地上の三倍くらいの速さで育ちます。

さすがに牛や豚は無理ですが、カイコなどの虫は栄養もあって育てやすいため、研究者によると宇宙での食べ物に向いているそうです。

3

宇宙飛行士
を知りたい

©NASA

山崎さんが宇宙に興味を持った
きっかけは何ですか

望遠鏡で見て感動した月のクレーター

最初のきっかけは、テレビアニメです。本当は「アルプスの少女ハイジ」を見たかったのですが、兄とのチャンネル争いに負けて「宇宙戦艦ヤマト」や「銀河鉄道999」を見ることになったのです。そうしたらなんと、自分の方がハマってしまいました。結果、兄には感謝しています。

ただ私が小さかった頃は、日本人の宇宙飛行士がいなかったこともあり、宇宙飛行士という仕事があることすら知りませんでした。ただ、小学二年生の時に望遠鏡で月を見て、クレーターがくっきり見えて感動したことはいまでも覚えています。

宇宙に関わろうと思ったきっかけは、スペースシャトルの打ち上げを初めてテレビで見た中学三年生のときで

©NASA

国際宇宙ステーションから見た地球。手前右に宇宙船『こうのとり』が見える

した。残念ながらそのときの打ち上げは失敗してしまっ

たのですが、女性宇宙飛行士がインタビューで「宇宙から

授業をしたい」と語っている映像を見て、学校の先生でも

宇宙に行くことができると知りました。

そんな私が初めて宇宙に行って感じたことは「なつかし

い」です。もしかしたら宇宙は、お母さんのお腹の中に

いた記憶と通じるものがあるのかもしれません。それに

地球も、私たちの体も、もともとは星のかけらでできてい

るのですから。

宇宙はとても不思議な場所で、目を閉じているのにフ

ラッシュみたいな光が見えることがあります。これは、

宇宙放射線が網膜を通過することで起きる現象なのです

が、最初はとても驚きました。

宇宙飛行士になるには
どうしたらいいですか

お揃いのシャツを着てスペースシャトルで記者会見をしている様子

NASAの宇宙飛行士になるには、アメリカ国籍が必要になります。そのため日本人が宇宙飛行士になりたければ、JAXAの宇宙飛行士に採用される必要があります。そうすれば、外国の宇宙飛行士と一緒に、国際宇宙ステーションなどの訓練を受けることができます。

JAXAとは宇宙航空研究開発機構」のことで、宇宙航空分野の基礎研究から開発・利用までのすべてを行っている日本の機関です。JAXAでは、2023年2月に14年ぶりとなる宇宙飛行士候補者を選抜しました。

もしかしたら、月面に降り立つ初の日本人になるかもしれません。今回の募集では、3年以上の実務経験を有し、英語を話せることが条件でした。訓練では、ロシア語も必修です。これは、ロシアの宇宙船にも搭乗する可能性があるからです。

48

宇宙
高度110km

無重力での宇宙遊泳

100km

ロケットエンジン点火

90秒　90秒

オゾン層

21km　グライダー飛行

15km

45分

高度15kmで空中発射

45分

合計で約2時間の旅

クラブツーリズム・スペースツアーズ社が販売するサブオービタル宇宙旅行

ただ最近は、民間の宇宙ビジネスも盛んで、アメリカの宇宙企業であるスペースX社は、2020年代半ばに月周辺の宇宙旅行を計画しています。また、より気軽に楽しめる宇宙旅行として、宇宙空間の入り口（高度100km）に到達したら、5分ほどで地球に戻ってくるサブオービタルと呼ばれる宇宙旅行も誕生しています。

日本でも、クラブツーリズム・スペースツアーズ社という旅行会社が、アメリカのヴァージン・ギャラクティック社による宇宙旅行を販売しています。日本の宇宙企業であるPDエアロスペース社やスペースウォーカー社も、2020年代末に有人機の開発を目指しており、宇宙飛行士になる道も広がると思います。さらにこれからは、宇宙飛行士だけが宇宙に行く時代ではなくなります。誰もが旅行や仕事として宇宙を楽しむ時代です。

どのようにして宇宙飛行士に なったのですか

真剣にインストラクターの話を聞いています

©NASA

ジョンソン宇宙センターにある訓練用宇宙船でのトレーニングの様子

学生のときは、宇宙飛行士になりたいというよりは、宇宙開発に関わる仕事をしたいと思っていました。そのため大学や大学院で、航空宇宙工学（ロケットや飛行機に関係する学問）を勉強しました。そして夢が叶い、JAXAにエンジニアとして就職することができたのです。

私は宇宙開発に関わるために、まずはJAXAに就職したのですが、純粋に宇宙飛行士になりたいのであれば、JAXAに就職する必要はありません。

実際、JAXA以外から宇宙飛行士のテストを受けて、合格する数の方が多いのです。医者、研究者、パイロット、アメリカでは学校の先生や車の整備士から宇宙飛行士になった人もいます。テストは、英語、一般教養、自然科学などの筆記テストの他に、医学検査、面接試験、精神・心理の検査などがあります。

50

運動神経がよくないと
宇宙飛行士にはなれませんか

船外活動用の
宇宙服はなんと
1着120kg

©NASA

足が速い、球技が得意というような運動神経は、宇宙飛行士にはあまり求められませんが、持久力は必要だと思います。これは、「足は速くなくてもいいが、マラソンで完走できるような能力が必要」ということです。理由は、宇宙服がとても重くて硬いからです。

スペースシャトルに乗り込むときの宇宙服は41kg、船外活動のときの宇宙服は120kgもあります。しかも硬く、それを着て何時間も過ごさなければならないので
す。持久力がないと途中で動けなくなってしまいます。

また、地球に戻るときにトラブルが発生して海に不時着してしまった場合などを想定して、洋服を着たまま10分間は立ち泳ぎができなければなりません。宇宙飛行士になると、洋服を着たまま75mを泳ぐ訓練もあるため、水泳では立ち泳ぎの練習もしておくといいでしょう。

理科や算数が得意でないと、宇宙の仕事はできないの？

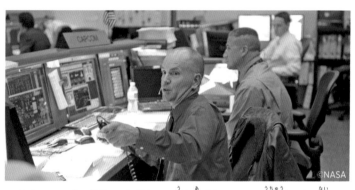

©NASA

スペースシャトル『ディスカバリー』の打ち上げをジョンソン宇宙センター内の
ミッションコントロールセンターからサポートしている様子

そんなことはなく、理系、文系両方の人が、宇宙の仕事をしています。宇宙飛行士として働きたいのであれば、英語やロシア語はもちろんのこと、国際宇宙ステーションから日本のことを紹介したり、子どもたちに宇宙のことを伝えたりするため、コミュニケーション力だけでなく、国語や歴史の知識も必要になります。最近、ロケットを作る人に話を聞いたのですが、「子どもの頃は理科より工作が好きだったよ」とか「大学までは文系だった」という人もいました。

また宇宙の仕事は幅広く、宇宙飛行士の衣服を作る人、宇宙食を作る人、宇宙と交信をする人、宇宙飛行士の健康をサポートするお医者さん、国際間の調整をする人、宇宙法を作る人など、数えきれないほどあります。これからは宇宙旅行のガイドさんが登場するかもしれません。

大切なのは、自分が好きで得意な分野を伸ばすことです。

宇宙飛行士の試験で変わった問題はありましたか

この問題のように宇宙飛行士の試験は、正解が一つではない試験ばかり、といえるかもしれません

最初の筆記試験は学校の試験と似ていましたが、最終試験は〝変わった問題〟が多かったです。特に不思議だったのが、「東北地方一週間の旅」でした。時刻表とガイドブックを渡され、一人７万円の予算で一週間の東北旅行を計画するという問題です。「宇宙に行くのに東北？」って不思議ですよね。しかし、限られた時間や予算の中で、自分が一番満足する計画を立てることは、宇宙ミッションを計画することにも共通するのです。「桃太郎と浦島太郎のどちらが好き？」という質問が出た年もあるそうです。

「仲間と協力して鬼を倒す」という目標に突き進む桃太郎と、「開けちゃいけない」玉手箱を開けてしまう浦島太郎。宇宙飛行士には「桃太郎好き」の方が向いているように思われがちですが、私は、何が起きるかわからない状況も楽しめる「浦島太郎好き」も必要ではと思っています。

宇宙飛行士の訓練で
楽しいものはありましたか

T-38ジェット機の訓練はいつもワクワク♪

ジェット機の操縦訓練が楽しかったです。離陸と着陸のときは操縦しませんが、60ｍくらい上空にいけば、宇宙飛行士であれば全員が操縦することができます。

毎回ではありませんが、年に何回かは、重力の変化に体を慣らすために、アクロバット飛行をして、横回転したり、ループを描いたりしました。とても気持ちがよくて、一番好きな訓練でした。

大きなループを描いて飛行するときは、普通の5倍くらいの重力がかかるため、気絶しないように腹筋に力を入れます。

ちなみに高所恐怖症の人でも宇宙飛行士になれますよ。なぜなら、スペースシャトルのメンバーが日本に来たとき、東京タワーのガラスの床を見て「絶対に乗らない！」と怖がっていたのは、他ならぬ船長だったからです。

宇宙飛行士の訓練で危険なものはありましたか

水中の訓練はダイバーと一緒なので安心

©NASA

危険だなと感じた訓練もありましたし、予期せぬことが起こり、危険な状況になってしまったこともありました。

私が経験したのは、宇宙服を着たまま、特別な浮き輪をつけて海に飛び込む訓練のときでした。地球に帰還する途中に火災が発生し、防水服に着替える間もなく宇宙船のカプセルから飛び出すことになった場合を想定しての訓練なのですが、ある仲間の浮き輪が正しく膨らまなかったのです。そのため彼は、飛び込んだ瞬間、宇宙服のまま海の中に沈んでいきました。

もちろんこのような場合に備えて、海中には何人かのダイバーが待機しており、彼はすぐに助けられました。

他の訓練でもアクシデントに二重三重に備えて、常にスタッフや同僚の間で見守りあっていたため、訓練中に大怪我をすることはありませんでした。

宇宙飛行士の訓練で
一番大変だったのは何ですか

必死に脱出中

ロシアの海上サバイバル訓練にて、ソユーズ宇宙船から海へ脱出する様子

一番辛かったのは、サバイバル訓練です。

スペースシャトルはグライダーのように滑走路に戻ってきますが、ロシアのソユーズ宇宙船は、カプセルに宇宙飛行士を乗せて地球に戻ってきます。ちなみに、アメリカの新しい民間宇宙船『クルードラゴン』もカプセルで戻ってきます。カプセルはパラシュートを使って降りてくるのですが、正しい着陸地点からずれて、雪の上に落ちたり、海の上に落ちたりする可能性もあります。そのため私は、救助隊が来るまで真冬のロシアの森の中で三日間、宇宙船の中のものだけで野宿をして生き延びるという訓練を行いました。真冬のロシアの気温はマイナス20℃より低くなります。しかも強い風がビュービュー吹いています。その中で三日間を過ごすのですが、昼間は木を切って焚火の材料を作ったり、テントを作ったりと体を動

©NASA

ロシアでのサバイバル訓練の様子。ソユーズ宇宙船にある防寒着に着替えて活動する

かすことが多いため汗をかくくらいでした。夜は交代で火の見張りをしながら、じっと夜明けを待って過ごしました。この訓練は、今思い出しても本当に大変でした。

このように宇宙飛行士は、地球にいる間、考えられるいろいろな訓練を行います。たとえば、無重力で体が浮いてしまうような状態でも、トイレの便座の正しい位置に座れるように、カメラ付きの訓練装置でトイレを使う感覚を練習したりもします。本当にありとあらゆる訓練を行うのですが、無重力の状態で寝ることだけはぶっつけ本番となります。

私が宇宙に行った最初の日、無重力で寝るってどんな感じだろうとわくわくしていたのですが、残念なことにその瞬間はあまりよく覚えていません。一日の作業に疲れ果て、どうやらすぐに眠ってしまったようです。

宇宙飛行士の訓練で
海底に住むって本当ですか

©NASA

フロリダの海底には、『アクエリアス』という世界でひとつしかない海の中の研究所があります。この研究所に行くには、船からロープをつたって海中へと潜っていくのですが、宇宙に長期滞在する宇宙飛行士の中には、最大で二週間もここに滞在して訓練を受ける人もいます。

アクエリアスは窓の外に魚が泳ぐ竜宮城のような研究所ですが、実はとても厳しい環境にあるとも言えます。空気や電気はありますが、限られた空間で、限られたものだけで生活しなければならないからです。ここで訓練をする目的は、月や国際宇宙ステーションなどで遭遇すると思われる過酷な環境で孤立したときの人間の生活や行動を観測することです。NASAはこのような過酷な環境での研究を、南極やアリゾナ州の砂漠地帯、カナダのデヴォン島、ハワイのマウナロア火山などでも実施しています。

地球外生命体と戦うような
仕事はありますか

地球と宇宙を
汚染から守る
『惑星保護官』

参上

「映画じゃないんだから、そんなのあるわけないよ」と、思うかもしれませんが、NASAでは過去に地球外生命体から地球を守る人を募集したことがあります。

しかし映画のように銃で宇宙人と戦うわけではありません。宇宙飛行士などが、未知の菌を宇宙から持ち帰ってこないように、地球に細菌などが入ってくるのを防ぐ仕事をするのです。逆に、地球から行く宇宙飛行士や宇宙船が他の惑星を汚さないようにする役目もあります。これらはプラネタリープロテクションと呼ばれ、細かいルールが決められています。

火星のように「生物がいるかもしれない」と考えられている惑星に行くときは、特にルールが厳しくなります。たとえば、研究サンプルとして惑星の砂などを持ち帰るときは、密閉できる容器を使用しなければなりません。

宇宙でもお化粧やオシャレはできますか

私が実際に宇宙に持っていったマスカラやビューラーなどの化粧品類

アルコールなど引火する成分が入っていない化粧品を選べば、宇宙に持っていくことができます。ただ、化粧を落とすときに使えるものも限られているため、私は軽くしか化粧をしませんでした。国際宇宙ステーションの中は24時間エアコンがついていて乾燥するため、男性でも保湿クリームを塗る宇宙飛行士が多かったです。

スペースシャトルや国際宇宙ステーションには、指輪やネックレスのような「宝飾品」もいくつかは持ち込むことができます。ただし打ち上げや帰還するときなど、宇宙服を着ている間は、宝飾品は身にはつけないで荷物の中にしまっておきます。これは宇宙服を傷つけないためです。当時の私はロングヘアで、無重力だと髪が広がって邪魔になるということで、髪を留めるバレッタも「実用品」として持ち込みを許されていました。

60

宇宙に行く直前は 何をしていますか

スペースシャトルまでは、アストロバンと呼ばれる専用のバスで移動する

©NASA

宇宙船の中に、風邪などのウィルスや菌を持ち込まないように、打ち上げ一週間くらい前から宇宙飛行士は専用の施設で生活しなければなりません。そこで、実際に乗る宇宙船をチェックしたり、訓練の仕上げを行います。

また打ち上げの時間に合わせて、時差の調整も行います。

この施設では、家族に会うことも制限されています。

具体的には、結婚相手や両親のような大人には時々会えるのですが、子どもには会えなくなります。子どもは、自分が風邪をひいていたとしても、気づかないことがあるからです。ただし、スペースシャトルの打ち上げ前日にはローブ越しですが、数メートルの距離をとりつつ見送りに来てくれた家族や親戚に出発のあいさつをすることができます。距離があるため、握手やハグはできませんが、「行ってきます」と、直接言うことができました。

宇宙に行くときに恐怖はありましたか

©NASA

コロンビア号で起きた事故の追悼の様子

ロケットの打ち上げは、絶対に事故が起きないとは言い切れません。しかし宇宙飛行士は、それを覚悟で訓練を行い、本番に臨みます。訓練の大半は、不具合や事故が起きたときの対応なのです。そのため、打ち上げのときは「事故で死ぬのが怖い」とか「宇宙に行くのが怖い」といった気持ちはありませんでした。この日のために11年間も訓練してきたわけです。怖いよりも、「早く宇宙に行きたい」というワクワク感の方が大きかったです。それに訓練により、「これが起きたらこうしよう」という対応策を考える習慣が身についていました。長い訓練の中では、「健康を害して宇宙に行けなくなるかもしれない」「計画が大きく変わって宇宙開発がストップしてしまうかもしれない」といった不安はありましたが、先のことを心配するのではなく、今できることに集中するように心がけていました。

宇宙に行く前に遺書を書くというのは本当ですか

遺書も準備

のうち

本当です。私はこれまでに遺書を2通書いています。

ひとつは打ち上げの直前。では、もうひとつはいつだかわかりますか？　それは、宇宙飛行士の訓練時代です。

T-38というジェット機を自分で操縦する訓練の前に、NASAの指示で参加する全員が遺書を書きました。家族の連絡先、財産や生命保険、銀行口座、残された家族のケアをお願いする仲間の名前まで書いて、NASAに預けるのです。もちろん安全第一で訓練に取り組むのですが、事故をゼロにはできないというリスクがあるため、「自分がいなくなっても周りが困らないようにしっかりと引き継ぐ」という責任を果たすことが重要です。これはリスクを理解して支えてくれる家族への責任もありますし、自分がいなくなったとしても、人類における長期プロジェクトを次に引き継ぐという使命があるからです。

宇宙飛行士だけがもらえる
バッジがあるのは本当ですか

実際に受け取った
バッジとNASAのメダル

本当です。NASAでは、宇宙飛行士に認定されると、銀のバッジをもらうことができます。

そして実際に宇宙に行くと、今度は同じデザインの金色のバッジがもらえます。しかもこの金のバッジもスペースシャトルに乗って、宇宙飛行士と一緒に宇宙を旅するのです。そして、無事に地球に戻ってきてから授与されるのです。

このバッジは、マーキュリー宇宙飛行士によってデザインされたもので、三本の尾をひく流れ星の形です。

また、宇宙飛行士として選ばれたものの、病気のため裏方として宇宙開発に貢献したドナルド・スレイトンさんのために、ほとんど同じデザインで、ダイヤモンドを埋め込んだ特別バージョンのバッジが作られたこともあります。

宇宙服に付いている
ワッペンは何？

JAXAの名前が入った個人用ワッペン

©JAXA

NASAのミッションロゴ

©NASA

宇宙開発では、ミッションに応じてロゴが作られることがあります。ロゴには、ミッションの名前や目標、関わる人の名前などがデザインされ、チームの一体感を強めるために着用されるほか、お土産ものなどにつけられ、多くの人にミッションを知ってもらうために使用されます。

私が搭乗したミッションのロゴは、円の中に、スペースシャトル、スペースシャトルに搭乗したクルーの名前、そして国際宇宙ステーションが描かれていました。日本人の宇宙飛行士には、これとは別に、JAXAの名前が入った個人用ワッペンも作られます。私の場合は、しずく型の中に国際宇宙ステーションや地球、虹などがデザインされていました。もちろん、日本の国旗である日の丸のワッペンもつけていました。

©NASA

4

国際宇宙ステーション

国際宇宙ステーションはどこを
飛んでいるのですか

冗談で貼ってある
「速度制限」のステッカー

©NASA

地上から高さ約400kmのところを1秒間に約7900mのスピードで飛行しています。このスピードのことを第一宇宙速度といい、地球の周りを約90分で1周する速さになります。国際宇宙ステーションの中にはこの速さを書いた「速度制限」のステッカーが冗談で貼ってあります。

国際宇宙ステーションは、ロシア、アメリカ、カナダ、日本、スイス、ベルギー、デンマーク、フランス、ドイツ、イタリア、オランダ、ノルウェー、スペイン、イギリス、スウェーデンの15カ国が共同で作ったものです。

また、国際宇宙ステーションはサッカー場と同じくらいの大きさがあるため、太陽の光を反射して肉眼で簡単に見ることができます。インターネットの「#きぼうを見よう」のページで、観察できる日と時間帯を確認したら、みなさんも空を見上げて探してみてください。

国際宇宙ステーションにも
昼と夜はありますか

太陽の光で輝く国際宇宙ステーション
©NASA

国際宇宙ステーションは、90分で地球を1周しているため、45分ごとに昼の明るい時間と夜の暗い時間が繰り返されています。

そうなると国際宇宙ステーションの一日は90分？と思うかもしれませんが、このペースで生活すると、体のリズムが乱れるため、国際宇宙ステーションの中でも1日は24時間と決めて行動しています。

もちろん寝ている間も窓の外が明るくなったり暗くなったりするわけですが、寝ているときは消灯し、窓のカバーも閉じて外の光が入ってこないようにしています。

地球では国や場所で時間は変わりますが、国際宇宙ステーションでは、イギリスのグリニッジ天文台という場所の時間に合わせて行動しています。

国際宇宙ステーションは
どのような構造になっていますか

ノード（連結モジュール）

実験モジュール

実験モジュール

ロボットアーム

ロボットアーム

居住モジュール

ラジエータ

太陽電池パドル（SAW）

©NASA

国際宇宙ステーションで主に宇宙飛行士が過ごす部分は、「モジュール」と「ノード」になります。「モジュール」は部屋のようなもので、食堂や寝室などの役割を果たす「居住モジュール」と、作業や実験を行うための「実験モジュール」に区別されています。「ノード」はモジュールとモジュールの接続部分で、廊下のようなものです。

モジュールにはそれぞれ愛称がつけられており、アメリカの『ディスティニー（運命）』、日本の『きぼう』、ヨーロッパの『コロンバス』、ロシアの『ザーリャ（夜明け）』、『ズヴェズダ（星）』などがあります。

この他に、宇宙に出るためのエアロックや補給用の宇宙船をキャッチするためのロボットアーム、太陽光電池パネルなどがあり、すべてを合わせるとサッカー場くらいの大きさになります。

国際宇宙ステーションの中で
上と下の区別はあるの？

しょうめい
照明のあるこちらが上

©NASA

地球上なら頭の方向が天井で上、足元が床で下になります。しかし、国際宇宙ステーションの中はそう簡単ではありません。無重力で体が宙に浮いているので、人によって頭の向きが違うからです。みなさんも宇宙飛行士がバラバラの方向で記念撮影をしている写真を見たことがあると思います。

この場合、どちらが床でどちらが天井なのか不思議に思ったことはありませんか？　たとえば「上にある工具を取って」と頼まれたとき、二人が同じ向きではなく逆方向に浮いていたら、どちらが上か迷ってしまいますよね。そのため国際宇宙ステーションでは、照明が設置されている壁を天井、その反対側を床と決めています。計器類などの数字の向きも、このルールで設置されています。

国際宇宙ステーションの酸素は
どうしているのですか

宇宙でも酸素
は作れます！

©NASA

ロシアの酸素発生システム「エレクトロン」

国際宇宙ステーションを組み立てた当初は、酸素を入れたタンクを無人補給船で地球から運んで使っていました。最近ではこの他に、宇宙で酸素を作る方法が主に使われています。ロシアのエレクトロンは、除湿で集めた空気中の水を利用します。水を電気分解することで、酸素と水素に分解するのです。余った水素は宇宙空間に捨てます。似たような装置にアメリカのOGSがあります。エレクトロンと同じように水を電気分解するのですが、余った水素を二酸化炭素と結合させることで、再び水としてリサイクルできます。最後がSFOGで、緊急用の酸素発生装置になります。缶に刺さっているピンを引き抜くと、化学反応で酸素が作られます。これは、飛行機の酸素マスクと同じ仕組みで、缶1個で一人分の1日の酸素を作ることができます。

国際宇宙ステーションの中は
どんなニオイがしますか

宇宙バラには、オーバーナイト・センセーションという品種が選ばれた

宇宙にあるため、窓を開けて換気ができません。エアコンのフィルターへの悪影響を考えると芳香剤も使えないため、ニオイにはとても気をつかいます。それでも、いろいろな人が20年も生活しているため、私が国際宇宙ステーションに初めて入った時は、締め切った部室のようなニオイがしました。また、埃が床に沈まず空気中に浮いているため、よくクシャミもしました。もちろん個人差があり、「病院みたいなニオイ」といった宇宙飛行士もいますし、あまり気にならなかった人もいます。しかしすぐに慣れるので、数日すると気にならなくなります。実は過去にはすてきな香りもありました。1998年にスペースシャトルで運ばれたミニバラの苗が、宇宙で花を咲かせたのです。この『宇宙バラ』の香り成分を地球で調べてみると、地球で咲いたバラより繊細な香りだったそうです。

国際宇宙ステーションで楽器の演奏はできますか

日本人二人が宇宙で同時に仕事をするのはこれが初

©NASA

私は国際宇宙ステーションに箏を持っていき、野口聡一宇宙飛行士の龍笛（日本古来の横笛）と一緒に「さくらさくら」を合奏しました。

ギターを弾いてYouTubeにアップしている宇宙飛行士もいます。ただ宇宙船は狭いため、ピアノやドラムセットのような大きい楽器を宇宙に持っていくときは、組立式にするなど工夫が必要になります。私が持っていった箏も宇宙用に小さく作った特注品でした。

また国際宇宙ステーションの中は無重力のため、グランドピアノは持っていけたとしても、音を鳴らすハンマーがうまく戻ってくれないために演奏はできないと言われています。

実は国際宇宙ステーションでは、無重力を利用した新しい楽器の実験も行われています。

国際宇宙ステーションに水道はありますか

目の前に浮かぶ水のボール

©NASA

無重力空間では、水はボールのような玉になってぷかぷか浮いてしまいます。そのため水道はありません。飲み水や宇宙食に使う水は、専用の給水装置から直接パックに注ぎます。

宇宙では水はとても貴重で、一滴も無駄にできません。実はトイレから集めたおしっこもきれいにして飲んでいるのです。

驚くかもしれませんが、地球でもおしっこや汚れた水は下水処理場できれいにされた後に海に流されています。その後、海の水は蒸発して雲になり、雨となって再び地上に戻ってきます。そして雨水は、浄水場でゴミなどを取り除かれた後に、水道を通って再び私たちの飲み水になっているのです。国際宇宙ステーションでは、それのコンパクト版をやっているだけなのです。

国際宇宙ステーションに
お風呂はありますか

無水シャンプーで頭を洗う様子

水は貴重なため、お風呂やシャワーはありません。濡れたタオルで体を拭くだけです。もちろんお化粧をしていても顔は洗えず、濡れたタオルで落とすだけ。しかも宇宙船の中は飛行機の中と同じようにエアコンで乾燥しています。ビタミン剤などサプリメントを飲むこともできますが、新鮮な野菜や果物は不足しがち。このため地球にいたときよりも肌の調子が悪くなり、乾燥したり、ときにはあぶらっぽくなったりします。

髪は、泡が周囲に飛び散らない、泡の出にくいシャンプーで洗います。水は使わず、洗い終わったあとは乾いたタオルでふき取っておしまいです。

長期滞在の宇宙飛行士は髪も切ります。もちろん切った髪が飛ばないように、掃除機で吸い取りながら切ることになります。

宇宙でも掃除をしますか

こくさいうちゅう そうじき うちゅうひこうし
国際宇宙ステーションのフィルターに掃除機をかける宇宙飛行士

掃除はしますが、部屋の床に掃除機をかけたり、窓を水拭きしたりするようなやり方ではありません。

そもそも水拭きはできません。宇宙船の壁にはたくさんの機械があり、機械は水が苦手だからです。そのためウェットティッシュのようなもので、人がよく触る手すりなどを拭いて消毒しています。

床に掃除機をかけたいところですが、無重力のため地球のようにホコリが床にたまりません。ホコリもふわふわ浮いているわけです。しかし宇宙船の中には空気の流れがあり、フィルターの周りなどホコリのたまりやすい場所は決まっています。そのためそこだけ掃除機をかけています。うっかり置き忘れたハサミなどが、無重力でふわふわ飛んでなくなってしまうことがありますが、掃除のときにフィルターの近くで発見されたりします。

宇宙ではどんな服を着ますか

この下は普通に短パンをはいています

©NASA

全身が覆われていてヘルメットをかぶったような、いわゆる「宇宙服」というのは、地球から宇宙に飛び立つとき、地球に帰るとき、船外活動のときしか着用しません。

普段は地球にいるときと同じような服を着ています。ただし、燃えたときに有毒ガスを発生させない材質であったり、静電気がおこりにくい材質だったりする必要があります。男性にはTシャツとパンツと靴下、女性にはブラジャーとパンツと靴下など下着類もNASAが用意してくれますが、自分の下着を持っていくこともできます。

また、宇宙では水が貴重なため洗濯ができません。汚れた服(特別に地球に持ち帰らないとならない服以外)はゴミと一緒にまとめて大気圏で燃やしてしまいます。そのため服の素材には、ニオイがしにくい、菌が繁殖しにくいなどの工夫がされているものもあります。

国際宇宙ステーションの中でも靴を履きますか

「レオナルド」多目的補給モジュールにいます

©NASA

無重力空間では足が床につかないため、動きやすさを優先し、靴はほとんど履きません。ただし、体が浮かないように足を手すりにひっかけることが多いため、足がすれないように靴下は履きます。

私がスペースシャトルや国際宇宙ステーションで履いていた靴下は、非常に細い銅の繊維を編みこんだ靴下や和紙を編み込んだ靴下など、日本製のものもありました。この繊維のおかげで、静電気がおきにくいだけでなく、長く履いていてもあまり臭いがしない優れモノでした。

ただし、ランニングマシンや自転車を使って体を鍛えるときは宇宙飛行士も靴を履きます。足が浮かないように特別な靴を履くのですが、ランニングマシンでは、この靴を履いて、下方向にゴムで引っ張ることで、地球にいるときと同じようなトレーニングができるのです。

79

国際宇宙ステーションに番組スタジオがあるのですか

©パスキュール／スカパー！

菅田将暉さん、中村倫也さん、ナイツの土屋さん、田中みな実さんらと共に

2020年8月に国際宇宙ステーションの日本実験棟『きぼう』船内に番組スタジオが開設されました。その名も、『KIBO宇宙放送局』。残念ながら毎日放送しているわけではありませんが、記念すべき1回目は2020年8月12日のペルセウス座流星群の夜に行われました。このときは、事前にみなさんからメッセージを募集し、それらが東京のスタジオの映像と共に、国際宇宙ステーションにリアルタイムで送信され、宇宙にあるスタジオ内の画面に映像が映し出されたのです。この様子は、筑波宇宙センターを経由して世界中の人たちにライブ配信されました。これにより、国際宇宙ステーションに長期滞在する宇宙飛行士と宇宙に設置された画面を通してコミュニケーションが楽しめるというわけです。

みなさんも機会があれば、ぜひ参加してくださいね。

地球と国際宇宙ステーションはどんな交信をしているのですか

国際宇宙ステーションの運用を行っているジョンソン宇宙センターのミッションコントロールセンター

国際宇宙ステーションは毎日、地球の管制室から連絡や指示を受けていますが、連絡の仕方にもルールがあります。ひとつは、英語を使うこと。もうひとつは、「相手の名前」、「自分の名前」、「言いたい内容」の順番で話すことです。

たとえば、つくば市にあるJAXAの管制室から国際宇宙ステーションに向けて、「聞こえますか？」と聞きたい場合は、英語で「宇宙ステーション、つくば、聞こえますか？」の順番で伝えます。

「Copy＝了解」「Copy all＝すべて了解」「Go＝実行しても大丈夫」「No Go＝実行してはダメ」「Concur＝賛成、同意」など、独特な交信用語も使われています。長く話すと時間がもったいないため、簡潔に話すことが多いようです。

国際宇宙ステーションで結婚式が行われたことがあるのですか

等身大パネルと
モニター越しの新郎

2003年8月10日に、国際宇宙ステーションに滞在していた新郎のユーリ・マレンチェンコ宇宙飛行士と、地球にいる新婦のエカテリーナ・ドミトリエフ宇宙飛行士の結婚式が中継で行われました。これは、マレンチェンコ宇宙飛行士の宇宙の滞在期間が予定より延びてしまったため、結婚式を予定していた日に地球に帰れなかったからです。そのため新郎の指輪は、ロシアの使い捨て無人貨物輸送宇宙船プログレスで運んだそうです。

結婚式の当日、地球でウェディングドレスを着た花嫁は、モニター越しに新郎と見つめ合いながら、新郎の等身大写真と並んで記念撮影をしました。しかしその後、宇宙飛行士の契約書に「宇宙滞在中の結婚式は禁止」というルールが追加されてしまい、今後ルールが変わらない限り、宇宙での結婚式はこれが最初で最後となりました。

国際宇宙ステーションでも季節を感じられますか

メリークリスマス！

©NASA

国際宇宙ステーションの中は、一年中同じ温度です。雪が降ったり、日差しが強くて暑かったりすることもありません。しかし、少しでも季節感を出すために、国際宇宙ステーションでは、クリスマスなどいろいろな国の文化のお祝いをしています。

たとえば日本のひな祭りをお祝いしたこともあります。大きな人形は飾れないため、地上から国際宇宙ステーションにデータを転送して作った、ペーパークラフトのひな人形を飾りました。2018年から3Dプリンターが導入されたので、近い将来には立体のひな人形が飾られるようになるかもしれません。

2009年12月23日、野口聡一宇宙飛行士は、サンタクロースになって国際宇宙ステーションへ入りました。宇宙にも季節感があるといいですよね。

キューポラって何ですか

©NASA

視野が広いため、宇宙船の接近・分離の監視を行う以外に、地球や天体観測にも使用

国際宇宙ステーションにある展望窓のことで、宇宙飛行士の人気の撮影スポットになっています。この窓は、私が国際宇宙ステーションに行く2カ月前に取り付けられたもので、常に地球側を向いています。半球形で出窓のように突き出しているため、上半身を入れるような感じで地球を見ます。

実はGoogle Earthというアプリを使うと、みなさんもキューポラからの景色を眺めることができます。やり方は、「キューポラ観測モジュール」で検索するだけ。たったこれだけで、キューポラにいるような感覚を味わうことができます。しかもそのまま国際宇宙ステーションの中を探索することもできるのです。ケーブルやノートパソコンが散乱していて驚くかもしれませんが、トイレや「きぼう」などを訪れてみても面白いと思います。

84

国際宇宙ステーションから国境は見えますか

北朝鮮の部分だけ暗い

©NASA

「見えない」と言いたいところですが、間接的に見える国境もあります。たとえば、川や山脈が宇宙をそのまま国境として使っている国だと、川や山脈が宇宙から見えたりします。少し悲しい話ですが、世界には国境をフェンスで区切っている国もあります。その場合、夜にはフェンスの明かりがつながって線状に見えます。また、韓国と北朝鮮の軍事境界線は、韓国側は夜でも明るいのに対し北朝鮮側は暗いため、間接的に国境がわかります。

しかし宇宙で過ごしていると、国境がいかに人工的かということに気づかされます。そのことがわかるサルタン・アル・サウド宇宙飛行士の有名な言葉を紹介します。

「最初の1～2日は、みんなが自分の国を指さした。3～4日目は、自分の大陸を指さすようになった。5日目、私たちの目に映っているのは、たったひとつの地球だった」

85

国際宇宙ステーションが
故障したらどうするのですか

国際宇宙ステーションにある３Ｄプリンター

宇宙まで修理屋さんを呼ぶことはできないので、宇宙飛行士が壊れた部品を交換することになります。そのため宇宙飛行士は、いろいろな修理の訓練を受けています。大西宇宙飛行士はトイレの修理が得意で、「トイレ修理のスペシャリスト」と名乗っていたそうです。

もちろん修理をするには部品が必要になるため、国際宇宙ステーションにはなんと、約18000kgもの交換用の部品が積まれています。ものすごい量ですよね。これらの部品を運んだり、狭い国際宇宙ステーション内に置き場所を確保したりすることはとても大変なので、最近では３Ｄプリンターが導入されました。必要な時に、必要な部品をその場で作るというわけです。さらに、いらなくなった部品を溶かして新しい部品にリサイクルすることも計画されています。

国際宇宙ステーションは２０３０年までしか使わないって本当？

国際宇宙ステーション

©NASA

現在の予定では本当です。しかし、２０３１年からは国際宇宙ステーションに誰も住まなくなる、ということではないと思います。今までは、いろいろな国がお金を出し合って運営していたのを、全部ではありませんが、民間企業が自由に使えるようにしようという案があります。

たとえば、Axiomという会社が、宇宙観光のプログラムを発表しています。これは、ホテル用の部屋や展望室を打ち上げて国際宇宙ステーションにつなぎ、宇宙旅行者用のホテルを作るという計画です。

また、俳優のトム・クルーズさんは、国際宇宙ステーションでの映画の撮影を発表しています。日本の実験棟『きぼう』でもCMが撮影されたことがありました。JAXA「きぼう利用プロモーション室」では、国の実験だけでなく、気軽に宇宙を活用するための相談にのっています。

©NASA

5

宇宙船と探査機

宇宙から帰る前に
することは何ですか

国際宇宙ステーションに5カ月以上滞在し、ソユーズ宇宙船のカプセルで地球に帰還した直後の乗組員の様子

宇宙で過ごしていると、筋肉だけではなく血液も減ってしまいます。そのため地球に帰る前には、水分と塩分を補給してあげることで血液の量を増やします。

何もしないで地球に戻ってしまうと、重力の変化で立ちくらみを起こしてしまうからです。朝礼で立ち続けていると貧血で倒れてしまう生徒がいるのと同じです。

飲む量は元の体重にもよりますが、1リットルくらいになります。そのため飲みきるのはなかなか大変です。このとき、塩水を飲むことで水分と塩分を一緒に摂取する方法もありますが、塩分を塩のタブレットにすることで、飲み水とは別々に補給することもできます。

毛利衛宇宙飛行士は、塩のタブレットの代わりに梅干を食べたそうです。

ただ、水分と塩分を補給したとしても、宇宙から帰って

90

帰還後2時間ほどでこの笑顔

©NASA

きてすぐに立つことはできません。誰かに支えてもらう必要があります。これは筋力が弱っているからというよりは、三半規管がくるっているからです。三半規管は、耳の内側にあり、体を動かしたときにバランスを保つ機能があるのです。ただ、宇宙滞在期間にもよりますが、1、2時間もたつと地球の重力に体が慣れてきて立てるようになります。これは、宇宙でも筋肉が落ちないように、宇宙飛行士がきちんとトレーニングをしているおかげです。

私は地球に帰ってきたとき、風のささやき、草木の香り、土の感触など、当たり前の景色の中にある全てのものがいとおしく感じました。

地球にいたときは宇宙が特別な場所だと思っていたのですが、私たちにとって地球こそが特別な場所であると気づかされたのです。

ロケットの大きさはどのくらい？

100m

50m

スターシップ　　SLS　　　サターン　　スペース　ファル　ソユーズ　HII-A　HII-B　H3
　　　　　　　ブロック1　　　　　　シャトル　コン9

切り離してしまう燃料タンクを含めるかにもよりますが、有人宇宙船だと『スペースシャトル』が高さ約56m、スペースX社の『ファルコン9』が約70m、ロシアの『ソユーズ』が約49mになります。史上最も大きいロケットとしてギネス記録に登録されているのは、アポロ計画などに利用された『サターンV型ロケット』で、110mもありました。

電車の1両が約20mくらいですから、それを縦に5両並べたよりも高いものが宇宙に旅立つわけです。ただ、人間が乗れるスペースはそれほど広くはありませんでした。

最近だと、NASAの巨大ロケット『SLS』が約111m、開発中のスペースX社の『スターシップ』が約118mです。日本のロケットは有人宇宙船ではありませんが、『HII-Aロケット』が約53m、『HII-Bロケット』が約57mで、最新の『H3ロケット』は約63mになります。

ロケットの打ち上げはどこで見ることができるの？

©NASA

『スペースシャトル』はアメリカのケネディ宇宙センター、JAXAの『こうのとり』は鹿児島県の種子島宇宙センターから打ち上げていました。小さなロケットだと、鹿児島県の内之浦宇宙空間観測所や北海道大樹町のインターステラテクノロジズ社が打ち上げを行っています。

私は現在、日本の宇宙港計画に取り組んでいます。宇宙港には、ロケットの射場を用いた垂直型と滑走路を用いた水平型があります。アメリカではすでに14ヶ所が認定されています。日本でも、大分空港がアメリカの有翼型宇宙船を着陸させる候補地となっています。

沖縄県も下地宇宙港事業を発表しました。和歌山県では小型ロケットの射場が整備されています。他にもまだ候補地が出てくるかもしれません。アジアの中で、宇宙輸送や宇宙旅行のハブになることを目指しています。

ロケットが間違えて住宅に飛んでいく危険はないの？

©NASA

ロケットを打ち上げる方向は決まっていて、地球の回転を利用する東側か、もしくは北か南に向けて打ち上げます。そのため、東側や北側、南側が海で、住宅などがない場所から打ち上げるのです。しかし中国やロシアは、国の内側から打ち上げることもあり、いまだにロケットの一部が住宅などに落ちてしまうことがあります。

またロケットには、打ち上げの途中で異常を見つけると自動でエンジンを停止させる、安全装置が付いています。ロケットの打ち上げの失敗で「打ち上げ直後にエンジンが動作停止」というニュースを見たことはありませんか？　実はエンジンが壊れたのではなく、予定外のところに飛んでいきそうになったため、安全のためにわざとコンピューターがエンジンを停止させたというケースもあるのです。

宇宙船の打ち上げに関する
変わった伝統はありますか

ソユーズ宇宙船の打ち上げの成功を祈り、祝福の儀式を行うロシア正教の司祭

©NASA

ロシアでは、宇宙船を打ち上げるときに、宇宙飛行士たちが発射台におしっこをかけるそうです。この伝統はガガーリンがはじめたことで、女性宇宙飛行士は参加しなくてもいいそうです。

アメリカでは、打ち上げ前にクルー全員でトランプのポーカーゲームをします。船長が負けてから出発するのが、げん担ぎになっています。また、打ち上げを見守る宇宙飛行士の家族には、地上に残った宇宙飛行士の仲間が付き添ってくれます。これは家族を安心させるためで、私の家族には向井千秋さんが付き添ってくれました。

スペースシャトルでは、宇宙での最初の食事は伝統的にサンドイッチになります。ごく普通のサンドイッチで、中身を決められるため、私はピーナッツバターサンドにしました。お弁当のような食事はこの一回だけになります。

宇宙船にぬいぐるみを持っていくのは本当ですか

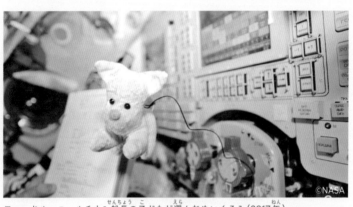

フョードル・ユールチキン船長の子どもが選んだぬいぐるみ（2017年）

ソユーズ宇宙船では操縦席に、「無重力インジケーター」とも呼ばれるぬいぐるみをぶら下げておくことがあります。ぬいぐるみがあることで、カメラ映像を見る人たちが、無重力になった瞬間を見分けることができるのです。

宇宙に連れていくぬいぐるみの種類は、船長の子どもが決めることが多いのですが、2016年の『ソユーズMS-01』では、船長の子どもが大きかったため、代わりに大西卓哉宇宙飛行士の娘さんが決めたそうです。ただ残念なことに、吊るした位置が高すぎて、無重力になる瞬間がカメラに映らなかったとか。

伝統的に、くまのぬいぐるみが使われることが多いのですが、2020年に打ち上げられた『クルー・ドラゴン』では、スパンコールつきの恐竜のぬいぐるみが使われました。

宇宙船から流れ星は見えますか

ALE が思い描いている人工流れ星のイメージ図

宇宙で過ごしている間は、1日に何個も流れ星を見ることができました。宇宙空間を横切り、地球の大気に突入する際に明るく光り、燃え尽きて消えてしまう様子がとても美しかったことを覚えています。

地球に戻ってからは、宇宙船にいた頃のように毎日は見ることができず、残念な気分でした。しかし地球でも、流星群がやってくると流れ星を多く見ることができます。特に「しぶんぎ座流星群」は「三大流星群」と呼ばれています。

近い将来、好きな時間と場所で、流れ星を楽しめるようになるかもしれません。実は、ALEという会社が、人工の流れ星を作ることに挑戦しています。人工衛星から直径約1cmの粒を発射することで、オレンジやブルーなど、さまざまな色の流れ星を作る研究をしているそうです。

宇宙船は使い捨てなの？

スペースX社のクルードラゴン

©NASA

ロシアの有人宇宙船『ソユーズ』や中国の有人宇宙船『神舟』は、宇宙飛行士を乗せた再突入カプセル以外は宇宙から帰還するときに燃え尽きてしまいますし、カプセルも再使用できない使い捨てになります。しかし私の乗ったスペースシャトルは、打ち上げ時の外部燃料タンクなど一部の部品以外はメンテナンスして再使用していましたし、2020年に打ち上げられたスペースX社の『クルードラゴン』も、ロケットの第一段や宇宙船カプセルなどを再使用しています。将来的に行われる民間宇宙旅行でも、再使用ロケットが使われる予定です。しかしスペースシャトルでは、帰ってくるたびに耐熱タイルを一枚一枚調べるなど、多額のメンテナンス費用がかかっていました。そのためこれからの再使用ロケット・宇宙船では、メンテナンスのしやすさに注目が集まっています。

なぜ、『こうのとり』は引退するのですか

©NASA

無人補給船『こうのとり』は、2020年5月21日に種子島宇宙センターから打ち上げられた9号機で最後となりました。引退の理由は、『HTV-X』と呼ばれるより高性能な無人補給船と交代するためです。HTV-Xは、『こうのとり』よりも1トン以上も多く荷物を運ぶことができるだけでなく、いままでは打ち上げ80時間前までに荷物を積み込まなければならなかったのが、24時間前までに積み込めばOKになります。これにより、生鮮食料品や鮮度が重要な実験サンプルの運搬がより便利になります。しかも推薬タンクや太陽電池パドルを大型化することで、国際宇宙ステーションに荷物を届けた後に小さな衛星を放出するなど、最大1年半もの間、さまざまな活動ができるように開発されていますし、将来的には月の周りまで荷物を運ぶことも期待されています。

宇宙探査機について教えて

『はやぶさ』のイトカワ到着のイメージ図
©JAXA

宇宙探査機は、地球以外の惑星などを調査するために打ち上げられる宇宙機です。しかしそのほとんどは、宇宙飛行士が乗っていない無人の宇宙機になります。

2003年に打ち上げられた小惑星探査機『はやぶさ』が、2010年6月13日に小惑星イトカワの表面物質の入ったカプセルを地球に持ち帰ったニュースは映画にもなりました。その後、2014年に小惑星探査機『はやぶさ2』が打ち上げられ、小惑星『リュウグウ』に到着したのち、さまざまな観測やタッチダウンに成功し、2020年12月6日に小惑星のサンプルを持ち帰りました。しかも探査機本体は、別の小惑星に向かっています。この他にも、2020年7月には、アメリカ、中国、アラブ首長国連邦（UAE）の3つの国で火星探査機を打ち上げました。UAEの火星探査機は、種子島宇宙センターから火星に飛び立ちました。

一番遠くまで行った探査機は宇宙のどこまで行ったの？

ボイジャー1号のイメージ図

©NASA

地球からもっとも遠くを旅している探査機は、1977年9月5日にNASAが打ち上げた『ボイジャー1号』です。打ち上げから43年たった現在でも、いまだに遠くへ向かっており、2020年9月時点で、地球から225億km以上離れた場所を飛行しています。海王星と地球との距離がだいたい46億kmですから、それよりもずっと先の恒星間空間と呼ばれる場所にいるのです。この距離は、光の速さでも地球から18時間以上かかります。

ただ「一番遠くの惑星を観測した探査機」は『ボイジャー2号』になります。ボイジャー2号は、ボイジャー1号が寄らずに通り過ぎた天王星や海王星の観測を行っているのです。ちなみに、海王星の外側にある冥王星は、いまでは準惑星に区分されていますが、2006年にNASAの探査機『ニュー・ホライズンズ』が観測をしています。

宇宙探査は無人が多いのはなぜ？

©JAXA

小惑星リュウグウにタッチダウンを行う『はやぶさ２』のイメージ図

それはずばり、危険だからです。宇宙探査は、月や遠くの未知の天体まで行くわけですから、安全のためにも、まずは無人探査機で経験を積んでからになります。

最初の活動が「フライバイ」です。これは目的の天体のすぐそばを探査機が通り過ぎながら写真を撮ったり、観測したりすることです。一番簡単な宇宙探査になります。

次が「周回探査」です。探査機が目的の天体の周りをくるくる回りながら観測します。星の周りをくるくる回るルートのことを軌道といい、タイミングや速度を少しでも間違えると、軌道を正しく飛行できなくなります。

そして、その次の段階が「着陸探査」になります。探査機が天体の表面に着陸し、ローバーと呼ばれる探査車を走らせたり、写真を撮ったりして調査します。難しいポイントは、探査機が壊れないように着陸することで、クッシ

©JAXA／トヨタ自動車㈱

トヨタとJAXAが共同研究を進めている有人与圧ローバ『ルナ・クルーザー』のイメージ図

ョンやパラシュートが必要になります。

その次が、「サンプルリターン」です。探査機が目的の天体に着陸するだけでなく、岩や砂を収集し、それらを地球まで持ち帰ります。地球に着陸するときは、『はやぶさ』のように、サンプル以外の部分は燃え尽きてしまうケースが多くなります。サンプルリターンで難しいのは地球に帰ることです。着陸した天体の重力から脱出したり、地球まで飛行したりするための燃料も考えて設計しなければならないからです。

ここまではすべて無人の探査機で、通常はこれらが成功してから「有人探査」となり、実際に人間が目的の星に行って調査をします。無人探査と違い、空気や水、食料が必要となり、宇宙飛行士を安全に地球まで帰すことが必須になるため非常に難しく、またお金もかかるようになります。

木星に探査機は行ったの？

NASAの木星探査機『ジュノー』が撮影した木星の写真
©NASA

木星探査を行った最初の探査機は、1973年に木星を通過したNASAの探査機『パイオニア10号』です。その後、『ボイジャー』や『ガリレオ』といった探査機が木星を観測しています。2024年現在では、NASAの探査機『ジュノー』が木星で活動しています。ただこの探査機、2025年には木星の大気に突入して燃え尽きてしまうため、その後の調査は、2024年に打ち上げる探査機『エウロパ・クリッパー』などが引き継ぐ予定です。エウロパという名前は、木星の衛星のひとつから名づけられました。これまでの観測から、エウロパの表面の氷の下には海がある可能性が高いといわれています。また、2023年にヨーロッパが中心となって打ち上げた『JUICE』も、エウロパ、カリスト、ガニメデなど木星の衛星を主に目指します。この計画には、日本のJAXAも参加しています。

水星に探査機は行ったの？

公転している地球の後方から突入することで公転スピードがプラスされ、探査機は加速する

探査機は地球の重力に引っ張られ加速する

地球

探査機

太陽

脱出のときは、地球の重力に引っ張られて探査機は減速するが、プラスされた公転スピードの方が大きいため、大幅に加速する

地球は太陽の周りを公転している

『ベピ・コロンボ』は、2020年4月10日に最初となる地球でのスイングバイに成功し、2025年12月に水星に到着予定

水星に到着した探査機は、『マリナー10号』と『メッセンジャー』の2機です。現在、日本とヨーロッパの共同プロジェクト「ベピ・コロンボ」による2機の探査機が水星に向かっています。JAXAが担当した、磁場や大気などを調べる探査機『MMO』と、ヨーロッパが担当した、地形や重力などを調べる探査機『MPO』です。水星は太陽に近く、昼と夜の温度差が600℃もある過酷な環境の惑星です。しかも重力が比較的小さいため、太陽の重力に引っぱられて探査機が水星を通り過ぎないように減速する必要があり、これに膨大なエネルギーを使います。「ベピ・コロンボ」ではエネルギーを節約するため、惑星の重力を利用して方向や速度を変えるスイングバイを、地球で1回、金星で2回、水星で6回行い、この課題を乗り超えます。合計9回のスイングバイは、世界初になります。

火星探査の意外な失敗は何ですか

1メートルは
1.0936ヤード

メートル法で計算　　　　ヤード・ポンド法で計算

1998年に打ち上げられた火星探査機『マーズ・クライメイト・オービター』は、火星に近づきすぎて壊れるという悲しい結果を迎えています。

実はこの事故、探査機を作ったエンジニア同士の勘違いが原因でした。日本やフランスで長さなどの単位として使われているメートル法と、アメリカで使われている単位のヤード・ポンド法を間違えたまま計算してしまい、そのまま探査機を火星に向けて打ち上げてしまったのです。

本当は、火星までの約6・6億kmを9カ月かけて飛行し、火星の表面から150km離れた位置を周回する予定でしたが、計算を間違えていたため、火星表面の約60kmまで近づいてしまい、予定以上の大気の影響を受けて壊れてしまったのです。この事故での被害金額は、探査機本体の費用も含めると約250億円だったそうです。

106

日本の火星探査計画について教えてください

MMX探査機のイメージ図

現在、日本が中心となって進めている火星衛星探査計画は、『MMX』です。2026年に打ち上げられ、2027年に火星周回の軌道に投入、2031年に地球に帰還する予定です。目的は、種子島から打ち上げた探査機を火星の衛星であるフォボスに着陸させ、サンプルを持ち帰ること。火星圏からのサンプルリターンは世界初になります。

持ち帰るサンプルは、「火星の衛星がどのようにできたのか」「太陽に比較的近い惑星で、本来であればカラカラに乾いたであろう地球や火星に水がなぜもたらされたのか」を解明する重要な手がかりになると期待されています。

MMXは、すぐ近くに重力の大きな火星があるため、火星に引き寄せられないように、『はやぶさ』や『はやぶさ2』と比べ、よりパワーのあるエンジンが必要になります。また、MMXでは数回の着陸を予定しています。

金星探査機「あかつき」は軌道投入に失敗した後どうなった？

金星探査機『あかつき』

金星探査機『あかつき』は、私がディスカバリー号で国際宇宙ステーションに向かった約1カ月後の2010年5月に種子島宇宙センターからH－ⅡAロケット17号機で打ち上げられた探査機です。

2010年12月に金星の軌道に投入される予定でしたが、メインエンジンのトラブルにより失敗してしまいました。しかし、軌道投入に失敗した後も『あかつき』の機体自体は無事だったため、金星の近くを飛び続けてじっとチャンスを待っていました。

そして4年後、姿勢制御のための小さなエンジンを使って金星の軌道突入に再チャレンジし、見事に成功したのです。その後、『あかつき』は多くの観測を行い、金星で「スーパーローテーション」と呼ばれる地球では考えられないほどの強風が吹いている仕組みを解明しました。

108

人工衛星って何ですか

日本初の人工衛星『おおすみ』の打ち上げ成功を祝う鹿児島県内之浦町の市民の様子 ©JAXA

いろいろな目的のために宇宙に打ち上げられ、地球の周りを回っているのが人工衛星です。人工衛星は、宇宙から撮影した写真やいろいろな情報を衛星データとして地球に送ることで、みなさんの生活に役立っているのです。

日本初の人工衛星は、1970年に打ち上げられた『おおすみ』になります。その後、1977年には天気を予報するために宇宙から雲の動きなどを観測する気象衛星『ひまわり』が打ち上げられ、現在は9号機まで打ち上げられています。

また、2010年には測位衛星『みちびき』初号機を打ち上げ、車やスマートフォンの道案内に役立てています。

この他にも日本は、月の周りを回る月周回衛星『かぐや』を打ち上げることで月面の調査を行い、直径約50mの縦穴を発見しました。

人工衛星に寿命はあるの？

NASAの燃料補給用衛星のイメージ図

人工衛星は、燃料がなくなると寿命を迎えます。地球に近いところを飛ぶ人工衛星は、うっすらと残る大気にぶつかることで高さが低くなるため、位置を修正するために遠いところを飛ぶ人工衛星よりも多くの燃料を使います。そのため寿命は短くなります。また、打ち上げのトラブルで予定の位置に投入できなかった人工衛星は、正しい位置まで移動させるため寿命は短くなります。では、燃料をたくさん積めばいいのかというと、機体が重くなり打ち上げが大変になってしまいますし、人工衛星のバッテリーや太陽電池パネルなどにも寿命があるため単純にはいきません。種類も大きさも違うため一概には言えませんが、最近は15年も運用できる人工衛星もあるようです。しかも燃料を補給する「宇宙のガソリンスタンド衛星」の実験も進んでおり、実用化されれば寿命が長くなるかもしれません。

110

使えなくなった人工衛星は
どうなるの？

宇宙のゴミも処分

寿命で使えなくなった人工衛星をそのままにしておくと、どんどん宇宙が混み合ってきて、新しい人工衛星が使えなくなったり、人工衛星同士がぶつかって事故を起こしたりしてしまいます。そのため、国連でもスペースデブリ低減ガイドラインを定め、使い終わった人工衛星を主に次の2つの方法で処分しています。ひとつは、使い終わった人工衛星を、一般的な人工衛星が飛ぶ位置より高い軌道まで移動させる方法です。この軌道は墓場軌道と呼ばれています。もうひとつが、地球の大気圏に突入させる方法です。大気圏に突入した人工衛星は、燃えて流れ星になります。しかし、大きなものなどは燃え尽きずに地上に落下する場合があるため、南太平洋の島の無い位置に落とすように決められています。昔の宇宙ステーション『ミール』もこの位置に落とされました。

無重力の
ふしぎ

無重力で具合が悪くなりますか

©NASA/Victor Zelentsov

打ち上げ前の活動の一環として、前庭系テストで回転椅子に乗って回されている宇宙飛行士の様子

宇宙飛行士が10人いたら、6人くらいは宇宙船や国際宇宙ステーションで気分が悪くなります。吐いてしまう人もいるほどです。車酔いと同じですが、不思議なことに車に酔う人が宇宙船でも酔うとは限りません。私は子どものときは乗り物酔いがひどかったのですが、宇宙では全然酔いませんでした。しかし宇宙酔いをしても、1日か2日で慣れて大丈夫になります。

昔は、宇宙酔いにならないように、回転椅子に乗ってぐるぐる回されるという訓練がありました。この訓練は有名だったので、今でも宇宙飛行士がこの訓練をしていると思っているかもしれませんが、実はいまでは研究のみで訓練は行われていません。訓練で強かった人が宇宙酔いをしたり、逆に訓練で弱かった人が宇宙酔いをしなかったりと、関係ないことがわかってきたからです。

114

無重力でも地球と同じように運動はできますか

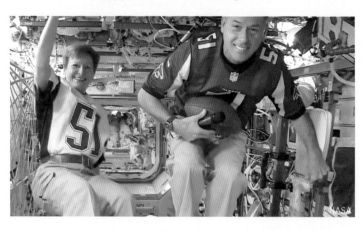

©NASA

無重力では、朝起きてラジオ体操をやりたくても、腕を振ったり体をねじったりするたびに、ふわふわと浮き上がったり、体がくるくる回転したりしてしまいます。

サッカーは、ボールを蹴っても下に落ちてこないため、リフティングはできません。ただし、空中に浮いているボールを、漫画のキャラクターのようにオーバーヘッドキックすることが誰でもできてしまいます。

野球は、優しくボールを投げるとゆっくり進むため、自分が投げたボールを追いかけて、自分で打つという「ひとり野球」が可能です。

腕立て伏せは、片手でも、指だけでも、背中に人を乗せたままでもできます。

綱引きは、引っ張ったとたんにお互いが引き寄せられるため、相手チームとぶつかってしまいます。

無重力空間での知恵

宇宙だと手足の役割が逆？

©NASA

地上では、歩くときは足を使い、荷物を持つときは手を使います。しかし無重力空間では、体が浮いてしまって上手に歩くことができません。

そこで泳ぐときのように手で漕いで進もうとするのですが、実は水中と違って空中だと、いくら漕いでも前には進みません。ではどうやって進むのかというと、宇宙船の壁を手で押しながら進むのです。ただこの方法、荷物があると手がふさがっていて使えません。ではどうするかというと、荷物を足で挟んで両手を自由に使えるようにするのです。手で移動して、足で荷物を運ぶわけです。

無重力だと手足の使い方まで変わってくるのですね。

この他にも、ドアノブを回そうとすると、自分の体が回ってしまうなど、地上と宇宙とでは常識やものの見方が違ったりします。

116

無重力空間ではボールペンは使えないの？

©NASA

「アメリカは10年の歳月と大金をかけて宇宙でも使えるボールペンを開発したが、ロシアは鉛筆を使った」というジョークがあるほど、無重力ではボールペンは使えないものと信じられていました。そのためアメリカもロシアも当初は鉛筆を使っていましたが、これはあまりいい方法ではありませんでした。鉛筆の削りかすや芯の粉が船内の空気を汚し、折れた芯が機械の中に入り込んで機械を壊す危険があるからです。アメリカでは、シャープペンや『フィッシャー』という会社が開発した特別なボールペンを、アポロ計画のときから使用しています。一方、ロシアはというと、昔は中綿式の普通のボールペンを使っていたそうです。実は普通のボールペンでも宇宙で文字が書けるとのこと。ちなみに日本の文具メーカー「ぺんてる」のサインペンも宇宙で使われています。

無重力空間でどうやって寝るのですか

©NASA

無重力では布団は使えないため、寝袋を使います。もちろん横になって寝る必要はなく、立ったままでも眠れます。まさに水の中で寝ているような感覚です。

寝袋の中でも頭は浮いているため、寝ぐせはつきません。私にとってはとても便利でした。ただ体も浮くため、ゴムひもで寝袋をぐるぐる巻きにして、頭も枕に布で固定していた宇宙飛行士もいました。

スペースシャトルでは、四畳半ぐらいのところに7人が寝ていました。「四畳半に7人なんて狭い」と感じるかもしれませんが、地球と違って天井にも壁にも寝られるため、意外と広々としています。

基本的に寝袋はマジックテープやひもで壁に固定してから寝ます。そうしないと、寝ている間にふわふわと漂

わっ！近い

って「寝たまま他の人に激突した」なんてことが起こってしまうからです。

また、夜中にふと目を覚ましたときに、思いがけないところに人の顔が浮かんでいて、ぎょっとしたことがありましたが、早く目が覚めたとしても、他の人を起こさないように起床時間の６時位までは寝袋から出ないでじっとしていました。

当たり前ですが、宇宙でもいびきをかく人はいましたし、歯ぎしりをする人もいました。

もちろん夢も見ます。地球にいるときの私は、夢を見てもすぐに忘れてしまうタイプでしたが、地球に帰還する前日の夢ははっきりと覚えています。亡くなった祖母が、笑いながら階段をのぼっていく夢でした。

無重力空間でどうやってトイレをするのですか

国際宇宙ステーションのトイレ

©NASA

国際宇宙ステーションのトイレは、男性用も女性用も同じです。広さは、幅と奥行きがそれぞれ約1m。形は洋式トイレと似ていて、ドアはなくカーテンで仕切られています。

地球のトイレとの違いは、無重力では便座に座っても体が浮いてしまうため、足元のバーに足を引っかけて座ることです。また、出したものが空中に飛び散らないように、掃除機のようなもので吸引しています。この吸い込み口のサイズは直径10cmで、便のときは隙間ができないように正確に座る必要があります。このとき便は真空にして乾燥させます。おしっこはきれいにして飲み水として再利用していますが、スペースシャトルではタンクにためてから、宇宙に捨てていました。捨てられたおしっこは、宇宙空間では細かな氷となり、太陽光を反射してきらきら輝くため「宇宙ホタル」と呼ばれていました。

無重力空間でどうやって歯磨きをするのですか

少量の水でゆすいだら飲み込む

歯磨きのしかたは、宇宙でも地球でいるときと同じです。普通の歯ブラシに市販の歯磨き粉をつけて磨き、水を口に含んでぶくぶくします。ただ違うのは、その水は吐き出さないで、飲み込むかタオルで拭き取ります。うっかり吐き出してしまうと、玉になった水がぷかぷか浮いて大変なことになるからです。

無重力空間では、水はどこにも触れていないと、ボールのような玉になります。ちなみに雑巾を絞ると、下には落ちず、ジェルのように腕にまとわりついてくるのです。

歯磨きのときに水を飲み込むのは、最初は抵抗がありますが、慣れれば当たり前になっていきます。ちなみに虫歯ができてしまったときは、歯医者さんに行けないため、ペンチで自分の歯を抜きます。実は宇宙飛行士の訓練の中で、ペンチで歯を抜く方法を習うのです。

無重力の不便なところは何ですか

固定したまま運動

©NASA

運動

©NASA

宇宙では、小柄な女性でも大きな男性を簡単に持ち上げることができます。しかしそれは、「ちょっと力を入れただけで、とんでもないことが起きてしまう」ということでもあります。たとえば、「ねえちょっと」と相手の肩を叩いただけで、相手が飛んでいってしまう、ということが起こるのです。しかも、ただ飛んでいくだけならよいのですが、そのまま壁などにぶつかってしまうと、その振動で大事な通信機器や実験機材に悪影響を与えてしまう可能性もあるわけです。もちろん気をつかって生活しているのですが、運動したときの振動やドアを閉めたときの振動が、おさまってくれないこともあります。そのため古川聡宇宙飛行士は、振動が加わると台無しになってしまうような実験のときは、わざわざ他の宇宙飛行士が寝ているときに行ったそうです。

無重力から重力のあるところに戻るとどうなりますか

地球なの忘れてた…

私が地球に帰ってきたときの感想は、紙一枚でも「重い！」でした。自分の体も重く、特に頭は大きな石を乗せられている感覚でした。人の頭は体の10分の1の重さなのですが、普段は頭が重いなんて意識しないですよね。

重力があると、「頭ってこんなに重かったのか」と、しみじみ感じたことを覚えています。

こんな笑い話を聞いたことがあります。長期間宇宙で過ごしていると、地球に戻ってきても宇宙にいたときのクセが抜けず、モノを空中に浮かせておこうとして、床に落としてしまうことがあるそうです。

また、宇宙にいると人の体も変化します。重力が無いため体の重さを支える必要がなくなり、骨の強さ（骨密度）や筋肉がすごい速さで減ってしまうのです。そのため宇宙飛行士は宇宙船の中で毎日、体を鍛えているのです。

©NASA

124

宇宙の
あれこれ

宇宙服の値段はいくらですか

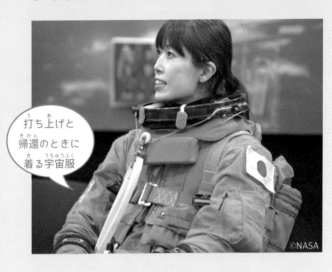

打ち上げと帰還のときに着る宇宙服

©NASA

宇宙服には二種類あります。ひとつは、打ち上げのときと地球に帰ってくるときに着る宇宙服、もうひとつは、船外活動用の宇宙服で、こちらはなんと1着10億円くらいします。

こんなにも高価なのは、宇宙服には宇宙空間にいる人間が宇宙服だけで生きられるように、空気がためられるだけでなく、宇宙の温度差、強い紫外線、宇宙ゴミから宇宙飛行士を守るだけの性能があるからです。まさに小型の宇宙船といえるでしょう。

ちなみに船外活動では、体力を使うため汗をかき、宇宙服の中はサウナ状態になってしまいます。そこで下着にプラスティック製の細いチューブを通し、ポンプで水を循環させることで体の熱を吸収する冷却装置を着込むことで対策しています。

126

船外活動用の宇宙服

©NASA

また宇宙服は、着るのに時間がかかるだけでなく、着てしまうとかなり動きにくくなります。どのくらい動きにくいかというと、ヘルメットが邪魔で、自分で自分の胸やお腹を見ることができないくらいです。そこで、宇宙服の手首には鏡がついています。自分の胸やお腹を見たいときは、手首の鏡に映して確認するのです。その ため、宇宙服に書かれている温度調整スイッチの目盛りの数字などは、鏡で見たときに読めるように左右が逆になっています。

船外活動は二人一組で行いますが、ヘルメットをかぶってしまうと、外から見てどちらがどちらかわかりません。そのため外から見てもすぐわかるように、リーダーの宇宙服には膝に赤いラインをつけると決められています。

宇宙に行くと身長が伸びるのは本当ですか

©NASA

痩せた？

本当です。私は3㎝身長が伸びました。無重力だと、背骨と背骨の間が地球にいたときより広がるからです。

日本人の宇宙飛行士の身長が9㎝伸びたというニュースもありましたが、さすがにそれは間違いでした。5㎝ほど伸びた宇宙飛行士はいましたが、残念なことに地球に戻ると元に戻ってしまいました。

体重はというと、ほとんどの人が宇宙で過ごすと数キロ減少します。歩かないため、筋肉量が落ちてしまうのと、重力の関係で地球にいるときより体の水分が減ってしまうからです。

無重力では体重計にのれないのにどうやって量るのか、不思議に思うかもしれません。体全体で特別なバネを押しつぶし、放したときの揺れるスピードで、間接的に量ることができるのです。

宇宙に関する記録を教えて

©NASA

アメリカの宇宙飛行士がペンダントとして持ち込んだ幅4cmの超小型のハーモニカ

宇宙に行ったことのある人は、いまだに600人くらいしかいません。その中で一番高齢だったのが、アメリカのジョン・ハーシェル・グレンさんで、1998年に77歳で宇宙に行きました。日本人で最初に宇宙に行ったのは、1990年の秋山豊寛さんになります。

宇宙に一番長く滞在した人は、ロシアのワレリー・ポリャコフ宇宙飛行士で、1994〜1995年にかけてミール宇宙ステーションに438日間滞在しました。

1984年2月7日、初めて命綱なしで宇宙遊泳をしたのはスペースシャトル・チャレンジャー号の乗組員だったマッキャンドレス宇宙飛行士とステュアート宇宙飛行士です。

また、宇宙で初めて演奏された楽器はハーモニカで、「ジングルベル」が奏でられました。1965年のことです。

宇宙から始球式をしたのは本当ですか

©JAXA/NASA

本当です。2009年4月12日に若田光一宇宙飛行士が、国際宇宙ステーションからの中継で、巨人×阪神戦の東京ドームでの始球式に参加しました。日本初となる映像による『宇宙からの始球式』で、日の丸が描かれたグラブを手に、読売巨人軍の原監督と同じ88番のユニホーム姿で、ふわふわと浮かびながらボールを投げました。

リトルリーグから野球を始め、高校球児だった若田さんは投球後「地球上では投げられないような変化球が、宇宙では投げられるようになるかもしれません」と話していました。

若田さんはこの他にも、スペースシャトル・エンデバー一号の中でバリー宇宙飛行士と囲碁の対決をしたそうです。このときは、碁石が飛んでいかないように、磁石でくっつくタイプのものを使ったそうです。

宇宙に行く動物も試験や訓練を受けるの？

専用カセットで暮らすメダカ

©JAXA/NASA

宇宙飛行士と同じように宇宙に行く動物たちにも試験があります。たとえばメダカは、ジェット機に乗せて短時間無重力状態にしたときの泳ぎ方を観察し、宇宙酔いに強そうな血統が選ばれました。

メダカは明るいほうに背中を向ける習性があるため、試験管にメダカを入れ、左右から交互に明かりをつけて、どれだけすばやく明かりの方向に反応できるかというテストも行いました。残念ながらこのテストで30秒以上かかってしまったメダカは、宇宙に行く候補から外されたそうです。

向井千秋宇宙飛行士が宇宙に持っていったメダカは4匹でしたが、これらの試験に合格できなかったメダカの数はなんと500匹以上いたそうです。いかに厳しい試験だったのかがわかりますね。

「宇宙桜」とは何ですか

福島県南相馬市の北泉海浜総合公園わんぱく広場にある「きぼうの桜」

2008年、いろいろな桜の種が若田光一宇宙飛行士と共にスペースシャトルに乗り、宇宙に旅立ちました。約8カ月を国際宇宙ステーションで過ごし、地球に戻ってきた後、種から芽吹いたごく少数の桜が「宇宙桜」として、日本の各地で育てられています。

この桜には強い生命力が観察されることがあり、芽を出してから花が咲くまで10年かかるのが一般的な桜が、たったの6年で花を咲かせた例もあります。また、1200年ぶりに種から芽をだした種類もあります。

宇宙桜の種や苗は、東日本大震災の被災地などに贈られ、津波到達点より高い位置に植えられました。

私は生まれ故郷の「松戸白カボチャ」の種や日本宇宙少年団の朝顔の種を宇宙に持っていき、その後、学校などに寄付しています。

132

宇宙を進むヨットがあるの？

イカロスのイメージ図

©JAXA

宇宙にもヨットはあります。日本のＪＡＸＡが開発した、小型ソーラー電力セイル実証機『イカロス』です。

ヨットは帆に風の力を受けて進みますが、宇宙には空気も風もありません。そこでイカロスは、帆に太陽の光を受けて進みます。実は光には物体を押す力があるのです。しかしその力は非常に小さく、地球では感じることはできませんが、宇宙では空気がないため、小さな力でもずっと押し続けていれば進むことができるのです。このような宇宙ヨットのアイデアは１００年程前からありましたが、薄くて丈夫な帆を作ったり、それを畳んだり、宇宙で開いたりするのが非常に難しかったため、２０１０年に『あかつき』と一緒に打ち上げられたイカロスが世界初の快挙となりました。しかし２０１１年に活動を終え、その後は太陽の光が当たる期間だけ活動し、それ以外は冬眠しています。

ブラックホールを見たことはありますか

中央の光のない暗い空間がブラックホール

©EHT Collaboration

残念ながらありません。2019年4月に巨大ブラックホールの写真が話題になりましたが、あれは世界中の電波望遠鏡をつなぎ合わせた地球サイズの望遠鏡だから撮影できたのです。

そもそもブラックホールは光まで吸い込むため、見ることはできません。しかしブラックホールは、周囲にあるチリなどを渦を巻くように吸い込んでいます。このとき吸い込まれるチリなどが回転により60億℃以上の熱を発するため、明るく光るのです。これが「ブラックホールの影（ブラックホール・シャドウ）で、明るく光るリングの中心にブラックホールがあることになります。

話は変わりますが、私が宇宙で見たものに、アイスランドの火山の噴火があります。宇宙からも噴火による煙が流れていく姿を見ることができました。

宇宙人はいると思いますか

土星と土星の衛星「エンケラドゥス」と土星探査機『カッシーニ』のイメージ図

土星の衛星であるエンケラドゥスは一見するとただの丸い星ですが、凍った表面の下には水、つまり海があると言われています。2005年、NASAの土星探査機『カッシーニ』が、地中から吹き上げる水を発見したのです。もしかしたらこの海には生き物がいるかもしれません。ただ、いたとしても地球でいうところの微生物のような、とても小さな生き物だと思います。

また、2020年7月には中国初となる火星着陸探査機『天問一号』とNASAの火星探査機『パーシビアランス』が火星に向けて地球を飛び立ちました。ローバーと呼ばれる探査車による火星の表面探査を計画しており、火星に生命がいたことがわかる証拠などを探します。

私は常々、この広い宇宙のどこかに、文明をもつ宇宙人がいてほしいと思っています。

いん石はどこからやってくるの？

直径 1.2km
深さ 168m

約5万年前に、火星と木星の間にある小惑星帯から飛んできた直径約20〜30mの鉄金属いん石が、地球の引力に引っ張られてアリゾナの平野に衝突した跡

ほとんどは、火星と木星の間からやってきます。

火星と木星の間には、小惑星と呼ばれる小型の天体がたくさん集まっており、それらが互いにぶつかってはじかれるなど、何かのきっかけで飛んできたものが、地球の引力につかまるといん石になって落ちてくるのです。この　ようにいん石は、火星と木星の間から飛んでくるのが普通ですが、彗星という天体の破片が地球に飛んできていん石になることもあります。

日本では2020年10月時点で53個のいん石が発見されており、アマチュア天文家や天文研究者たちによる観測ネットワークがいん石の発見に役立ったこともあります。

いん石はとても危険で、6600万年前に恐竜が絶滅したのは、直径約10kmのいん石が落ちて環境が大きく変化したことが原因とされています。

136

いん石で怪我をした人はいますか

画像提供：国立科学博物館

40　50　60　70　80　90　100　110　120　130

習志野市で発見されたいん石の破片

２０２０年７月２日の深夜、爆発音とともに大きな火球が流れていく様子が関東を中心に目撃されました。

火球というのは、流れ星の中でも特別明るいもので、いん石として地上まで落下することもあります。このときの火球は50cmくらいといわれており、かけらが千葉県習志野市で発見されましたが、屋根瓦が壊れたくらいで、怪我人はいませんでした。

しかし過去には、いん石が原因でたくさんの人が怪我をしたことがあります。2013年にロシアのチェリャビンスク州に落ちたいん石では、1000人以上の被害が出たそうです。これはいん石が人に当たったからというよりは、いん石が落ちた衝撃で周囲の建物の窓ガラスや壁が壊れたことで怪我をしたのです。このときのいん石は、直径17m、重さ約1万トンといわれています。

いん石から身を守ることは
できますか

美星スペースガードセンター（岡山県）

残念ながらいまの技術では、落ちてくるいん石を未然に防ぐことはできません。しかし宇宙を観測している世界中の団体が、被害が出そうな小惑星が近づいてくると警告を出し、落ちそうな場所から人々を避難させる活動をしています。1996年に国際専門組織として『国際スペースガード財団』が発足しました。日本でも『日本スペースガード協会』という団体が同じ年に設立され、岡山県で365日休まず観測を行っています。またこれらの団体は、宇宙ゴミ（スペースデブリ）の観測も行っています。

実は、国際宇宙ステーションや人工衛星は、宇宙ゴミにぶつかって大事故を起こす前に、位置を変更して宇宙ゴミを避けています。2020年5月に航空自衛隊に発足した『宇宙作戦隊』も、同じように宇宙ゴミを監視しています。地上での地道な観測が、宇宙の事故を防いでいるのです。

地球での私たちの生活も宇宙と関係しているのですか

地図アプリは測位衛星「みちびき」からのデータを、天気予報は衛星「ひまわり」からのデータを利用している

もちろんです。たとえばロケットの振動を抑えるために開発された制振ゴムは、地震の被害を少なくするために建築材料として利用されています。また、軽く制振ゴムの上に建っているかもしれません。みなさんの学校も

宇宙食の技術も、災害食に応用されています。て長期間保存ができ、おいしさを目指して作られている

この他にも、無重力での実験が役立つこともあります。

たとえば無重力では、重力につぶされないきれいなタンパク質の結晶ができるため、結晶の構造が非常に分かりやすく、インフルエンザ薬の改良につながったり、筋ジストロフィーなどの難病治療薬の研究も行われたりしています。2018年には、国際宇宙ステーションでの実験から、ネコ用人工血液が開発されました。これにより、輸血不足に悩む動物医療に役立っていくことでしょう。

©NASA

140

8

月と火星と小惑星

月はどうやってできたの？

親子説

ジャイアント・インパクト説

昔はいろいろな考えがありました。

たとえば、地球とは別の場所でできた月が、地球の重力に引き寄せられて、地球を周回するようになった捕獲説。この他にも、原始の地球の自転が非常に速かったため、遠心力で地球の一部が飛び出して月になったという親子説もあります。しかし最近は、ジャイアント・インパクト説でほぼ間違いないということになっています。

これは、45億年前の地球の初期に、火星サイズの大きな天体が地球に衝突し、地球と天体の破片が地球の周りを回っていくうちに、徐々に破片が集まって月になったという説です。アポロ計画で持ち帰った月の石を調べてわかったことです。

ちなみにクレーターは40億年ほど前に巨大いん石が月に降り注いでできたことがわかっています。

地球からは月の片面しか見えないって本当なの？

月の表側　裏側

45°公転したときの自転も同じ45°

もし月が自転していないと月の裏側も地球から見える

地球

45°

地球の周りを一周する間に月は1回しか自転しないため、いつも同じ面を向くことになる

月はボールと同じ球体ですが、地球からは片面しか見えていないって知ってましたか。これは、地球の周りを月が回る公転の周期と、月自身が回る自転の周期が同じ約27・3日だからです。不思議ですよね？　詳しくは上の図を見てください。

地球に昼と夜があるのは、太陽の周りを約365日かけて公転し、1日で自転しているからです。もしも地球の自転が公転と同じ約365日の周期だったら、地球の片面は常に昼間で、残りの片面は常に夜になっていたわけです。地球から見えていない月の裏側の撮影は、1959年にソ連の『ルナ3号』が世界で初めて成功しました。これにより月の裏側は表側と大きく違っていることがわかりました。月の裏側は、地球から黒く見える「海」と呼ばれる部分が少なく、クレーターがたくさんあったのです。

143

月にも海はあるの？

地球にある海とは違いますが、月にも海はあります。

黒く見える、満月のときの「お餅をついているウサギ」の部分です。ただしこの海には水があるわけではなく、マグマが固まってできた玄武岩からできているため黒く見えるのです。

世界で初めて望遠鏡で月を観測したガリレオ・ガリレイは、17世紀に月の表面の凹凸まで描いたスケッチを残しており、黒く見える部分をすでに「海」と呼んでいました。海にはいろいろな名前がついており、人類が初めて降り立った場所は、『静かの海』になります。

白い部分は「陸」や「高地」と呼ばれており、クレーターがあります。クレーターは、大きないん石が衝突してできたものです。大きないん石は、地面に落ちると衝突のエネルギーで爆発し、ふちが高く盛り上がった丸いくぼ地を作るのです。

月に最初に降り立った宇宙飛行士は誰ですか

月面に立つバズ・オルドリン
宇宙飛行士（1969年）

©NASA

ハッセルブラッドのカメラを使用し、ニール・アームストロング船長が撮影

世界で初めて人間が月に降り立ったのは、1969年7月16日に打ち上げられたアポロ11号で月に行ったニール・アームストロング船長とバズ・オルドリン宇宙飛行士の二人です。7月21日に降り立ち、月面に星条旗（アメリカの国旗）を立てる様子は世界中がテレビで見守っていました。その後、1972年のアポロ17号までに12人のアメリカ人宇宙飛行士が月に降り立ちました。

この中には月で最初にスポーツをした宇宙飛行士もいます。1971年に打ち上げられたアポロ14号で月に降り立ったアラン・シェパード船長は、地球から持っていったゴルフクラブでボールを打ってゴルフをしました。

またアポロ15号では、宇宙飛行士が初めて月面車を使用しました。アポロ計画により、月から石などを持ち帰ることができ、月の誕生や時期などが解明されていきました。

月にも水はあるの？

©NASA

1972年12月13日、アポロ17号による月面着陸ミッションでの船外活動の様子

月にはたくさんの水があると考えられています。といっても、液体の状態であるわけではありません。では、どのような状態であるのでしょうか？

月は、レゴリスと呼ばれるとても細かい砂で覆われています。アポロ11号で月に行ったバズ・オルドリン宇宙飛行士の足跡の写真を見るとわかると思います。しかし実際に月に降り立つまでは、月面に足跡が残るとは、誰も予想していなかったそうです。

月の南極や北極の寒い地域で、レゴリスを60～100cmくらい掘ると、水分子を多く含んだ凍った地層が出てくると考えられています。そのため水だけを取り出す作業が必要になります。地層から水だけを取り出す作業が必要になります。

では、いつ頃から月には水があると考えられるようになったのでしょうか？

©ispace

ispace社が考える2040年の月面都市のイメージ図。1,000人が月で暮らし、年間1万人が訪れる

最初の発見は、1994年1月にまでさかのぼります。

アメリカの月探査機『クレメンタイン』が、月の南極に位置するいくつかのクレーターの底部に、水が存在する可能性を発見したのです。

その後、2008年10月に打ち上げられたインド初の月探査機『チャンドラヤーン1号』も水の存在につながる発見をしました。

本当に月に水があれば、水分補給に利用できるだけでなく、水を水素と酸素に分解することで、人間が月に住むときの酸素やロケット推進剤の原料に利用できると期待されています。

ispaceという日本の会社は、2040年には、月には1000人が暮らし、年間1万人が訪れる月面都市ができると考えています。

もう月には行かないのですか

ゲートウェイのイメージ図　©NASA

アメリカは、2026年までに宇宙飛行士を月の南極に着陸させ、その後も持続的に月を探査する計画『アルテミス計画』を発表しています。この計画では、月を周回する有人基地『ゲートウェイ』を建設し、この基地から宇宙飛行士が月に降り立つことも予定しています。アメリカは、月を火星探査に向けた中継点と考えているのです。

そして日本も、この計画に参加することを発表しています。この他にも日本は、2024年1月に小型月着陸実証機SLIMによるピンポイント月面着陸を成功させたり、2025年度にはインドとの共同による月極域探査機の打ち上げを計画しています。

また、2029年の打ち上げを目指し、トヨタ自動車とJAXAが宇宙服なしで乗れる有人の月面探査車（103ページ参照）を共同で開発しています。

月にもお墓があるのですか

お墓はありませんが、2021年には「月面供養」というサービスが実現されそうです。

これは、宇宙葬というサービスのひとつで、死んだ人の骨を入れた小型カプセルを月まで運んでくれるのです。ただし月の環境汚染の問題があるため、ばら撒いたり埋めたりはできません。価格は120万円だそうです。

この他にも30万円の流れ星供養があります。こちらは、骨を入れた1cm四方の小型カプセルを人工衛星に入れて打ち上げ、2～3年地球を周回した後、大気圏に突入させ、最後は流れ星となって燃え尽きさせるというサービスです。流れ星供養では、打ち上げ時の映像を見ることができるだけでなく、打ち上げ後もスマホのアプリで小型カプセルをのせた人工衛星がどこを飛行しているのかを地図上で確認することもできます。

火星にも水はあるの？

火星探査車『キュリオシティ』のイメージ図

人間が地球以外の惑星で生活するには、水は欠かせない存在になります。飲み水としてはもちろん、水を分解することで酸素が作られ、水素はロケットの燃料として使用することができます。そのため「火星探査」と「火星の水」はセットで話題になることが多いのです。

これまで火星には多くの探査機が着陸し、調査をした結果、約40〜35億年前の火星には液体の水があったことが確実視されています。たとえば、『マリナー9号』という探査機は、火星でたくさんの写真を撮影し、火星表面に河川跡などの水が流れたような跡を確認しました。また火星探査車『キュリオシティ』は、火星の表面に降りて探査を行い、水の影響を受けてできた鉱物を発見しています。それでは、現在はどうでしょうか。いまでも火星に水はあるのでしょうか？

150

©ESA/DLR/FU Berlin, CC BY-SA 3.0 IGO

ヨーロッパの探査機『マーズ・エクスプレス』が撮影したオスガ峡谷。水は写真の上方向に流れていた。浸食で作られたとみられる中州などがはっきりと写っている。

アメリカの火星探査機『フェニックス・マーズ・ランダー』は、採取した火星の土壌から水の存在が確認されたと発表しました。これは直接的に水が確認できた初めての発見になります。その他にも、ヨーロッパの探査機『マーズ・エクスプレス』は、火星に液体の水が存在している証拠を見つけたと発表しました。火星の南極の地下に、幅20kmくらいの湖があるかもしれないというのです。これが本当ならば、現在の火星に液体の水が存在している証拠を初めて見つけたことになります。また、火星探査機『マーズ・グローバル・サーベイヤー』は、今でも火星で液体の水が流れていることを示す地形を発見しています。これらのことから、現在でも火星の地下には氷や砂に混じって水が存在していることは確実視されており、液体の水の発見も期待されているのです。

火星に降り立った宇宙飛行士は
いないの？

火星

残念ながら、2024年3月時点で火星に降り立った宇宙飛行士は一人もいません。

なぜかというと、ひとつには火星までの距離を飛行する"時間"が問題になるからです。公転周期の関係から、地球と火星が近づき、火星に行けるチャンスは2年に1回しかありません。当然、帰ってこられるチャンスも2年に1回です。地球を出発してから火星に到着するまで半年。それから火星で地球に帰れるチャンスを2年間も待たなければならないのです。しかも火星から地球に帰るにも半年かかるとなると、合計で3年も必要になります。

水のリサイクルを行っている国際宇宙ステーションでさえ、ほぼすべての食料を地上からの補給に頼っています。そのため、人間が火星に行くとしたら、宇宙農業を

152

月と火星と小惑星

地球と火星の接近

2020年10月

2018年7月

2022年12月

太陽

2016年5月

地球の公転軌道

2025年1月

2027年2月　2014年4月

火星の公転軌道

出典：国立天文台 天文情報センター

地球は太陽の周りを円に近い軌道で公転しているが、火星は太陽の周りを楕円形の軌道で約2年弱で公転している。そのため、地球と火星の距離は、約2年2カ月ごとに接近したり離れたりする

確立するか、地球から3年分の食料を持っていかなければならないのです。そうなると特大の宇宙船が必要になりますよね。しかも3年間という長期間、宇宙飛行士が宇宙放射線を浴び続けたら体にどのような影響を受けるのかもわかっていません。

さらに、火星に地球の菌を持ち込まないように、また火星の菌を地球に持ち込まないように、工夫が必要になります。これらの問題が解決できていないため、いまだに人間は火星に降り立っていないのです。しかし、アメリカは火星有人飛行のためのロケット開発を進めています。ロシアも500日以上かけて、火星環境をシミュレーションした実験を終えています。個人的にはこのまま宇宙開発が進んでいけば、2030年代には火星に人が降り立っているのではないかと思っています。

惑星、小惑星、衛星の違いは何ですか？

月　衛星

水星

金星

地球

火星

木星

土星

天王星

海王星

太陽

惑星

恒星

現在使われている定義は、国際天文学連合で2006年に決められたもので、主に大きさで分類されています。

① 惑星 ── 太陽の周りを回る大きな天体です。岩などでできていて地面のある「地球型惑星」と、ガスなどでできている「木星型惑星」に分けられます。② 準惑星 ── 惑星ほど大きくはないものの、球体になれるくらいの大きさがある天体です。冥王星やエリスが有名です。③ 太陽系小天体 ── 準惑星より小さく、球体になれない天体です。いわゆる「小惑星」はここに含まれます。火星と木星の間にたくさん集まっていますが地球の近くにもあります。氷やチリでできていて、太陽に近づいたときに尾が見えるものは彗星と呼ばれます。④ 衛星 ── 惑星や準惑星、小惑星の周りを回る天体です。人間が打ち上げて、地球の周りを回っているのが人工衛星です。

154

『はやぶさ2』が向かった「リュウグウ」はどんな小惑星ですか

サンドリョン クレーター
モモタロウ クレーター
ウラシマ クレーター
トリトニス
キンタロウ クレーター
ブラボー クレーター
サンドリョン クレーター
コロボック クレーター
カタフォ岩塊
カタフォ岩塊
キビダンゴ クレーター
エジマ岩塊
トコヨ地溝
リュウジン深淵
ホウライ地溝
オトヒメ岩塊
アリスの不思議の国
©JAXA

「トリトニス」と「アリスの不思議の国」は、正式名称ではなく着陸地点のニックネーム

「リュウグウ」は地球と火星の間にあるC型小惑星のひとつです。表面にはクレーターがあり、全体はそろばんの玉のような形をしています。C型小惑星は、小惑星の中でも地球上の生き物の基本的な成分である炭素や水素などの成分を多く含む小惑星で、大気圏で燃え尽きやすいため、いん石として地球に落ちてくることはほとんどありません。そのため、はやぶさ2の持ち帰るサンプルが期待されているのです。

リュウグウのクレーターには、「モモタロウ」や「ウラシマ」などの親しみやすい名前がつけられていますが、これは愛称ではなく、国際天文学連合に認められた正式な名前になります。ちなみに、玉手箱をくれる「オトヒメ」は似た名前の地名があるため一度は却下されましたが、強い希望により、再申請をして認めてもらったそうです。

155

小惑星の名前は
どうやって決めるの？

©JAXA、東大など

小惑星「リュウグウ」。応募総数7336件の中から選ばれた名前

小惑星の名前は、見つけた人が決めることができます。

見つけてすぐに名前がつけられる小惑星ばかりではなく、何年も経ってから名前がつけられる小惑星や、ずっと名無しのままの小惑星もあります。いくつかのルールはありますが、基本的には自由に名前をつけられるため、変わったところでは、『ティラノサウルス』『アンパンマン』『たこやき』などもあります。JAXAの小惑星探査機『はやぶさ』が到達した小惑星は『イトカワ』、『はやぶさ2』が到達した小惑星は『リュウグウ』と名付けられています。実は、私にちなんで『直子（14925 Naoko）』と命名された小惑星があります。同じタイミングで、宇宙飛行士仲間の星出彰彦さんと古川聡さんも小惑星の名前になりました。

『東京』のような地名が付いた小惑星も多くあるため、みなさんの住む町と同じ名前の小惑星もあるかもしれません。

156

彗星の名前はどうやって決めるの？

©NASA

国際宇宙ステーションから撮影されたネオワイズ彗星

彗星は、発見者の名前をつけるというルールになっています。もし同じ彗星を複数の人が発見したら、先着三名分の名前をつけます。「古川・星出・山崎彗星」みたいな感じになります。

個人ではなく、探索プロジェクトなどで発見された彗星には、プロジェクト名がつけられることもあります。この方法だと、同じ人や同じプロジェクトが複数の彗星を見つけた場合、同じ名前の彗星がいくつもできてしまうことになります。たとえば、「SOHO彗星」と名付けられた彗星は、4000個以上もあるそうです。

学校に同じ名前の人が4000人もいたら誰が誰だかわからなくなって大混乱になってしまいますが、彗星には登録番号があり、それで区別ができるため、今のところ特に困ってはいないようです。

「地球は生きている」

青く輝く地球を宇宙から見た時に感じたことが、宇宙飛行から十数年経った今でも鮮明に蘇ります。むしろ、時が経ったからこそ、宇宙で感じたことを自分なりに解釈することができるようになりました。そんな思いやみなさんに伝えたい宇宙のことをまとめたのがこの一冊です。

地球と人間とでは大きさがまったく違いますが、星や惑星にも一生があります。私は宇宙から地球を見たとき、同じ生き物同士として向き合っているような感覚を覚えました。ダイナミックな青い海と白い雲、カラフルな大地、北極や南極近くで輝くオーロラ、多くの生命が懸命に生きている輝き。それらがとても眩しく感じられたのです。

地球は、生物とともに進化してきました。誕生したばかりの地球は1000℃以上のマグマに覆われ、酸素はほとんどあ

りませんでした。海が生まれ、光合成をするバクテリアが誕生したことで、酸素ができ、オゾン層ができ、太陽から降り注ぐ有害な紫外線から生物を守れるようになったのです。おかげで、多くの生命が誕生することができました。

やがて人類が生まれ、人工衛星を打ち上げ、宇宙に行くまでになりましたが、これは地球の目や耳の役割が代わりにしているのかもしれません。地球は生きているともいえますが、目や耳はありません。しかも地球の自然はダイナミックであるものの、空気の層は驚くほど薄く、儚さも感じられます。そんな地球を、人間は人工衛星を使って宇宙から観察する力を手に入れたのです。まさにこれは、地球を守っていく役割を担った、ともいえるのです。

実際、新型コロナウイルスに関連した課題解決のために、アメリカ、ヨーロッパ、日本が協力して宇宙データを活用してき

ました。アジア諸国でも、宇宙データを共有し、災害観測網を
作る取り組みがなされています。

能登半島地震の犠牲になられた方々に心よりお悔やみ申し上
げ、被災者の皆様にお見舞い申し上げます。宇宙からのデータ
を世界中でネットワーク化することで、地球の神経網を作り、
防災・減災に繋げていくことを願ってやみません。

私は、宇宙から地球に戻ったときに、そよ風、緑の香り、土
の感触、すべてが美しく愛おしいと感じました。当たり前だと
思っていたことが、当たり前ではなく、ありがたいことなのだ
と気づかされたのです。宇宙は、私にとってずっと憧れであり
特別な場所でしたが、実際には、広い宇宙の中で「地球こそが
憧れであり、特別な地球なんだ」と、強く感じました。宇宙を知
ることが、私たちの地球を、そして私たち自身をより深く知る
ことにつながったのです。

この本を手にしてくださったみなさん、本当にありがとうご
ざいます。この本は、数年がかりで作り上げてきました。

企画を立ち上げ、本の内容を一緒に考えてくださり、素敵な
一冊にまとめてくださったリピックブックの諏訪部さん、江川
さん、野呂さんに心からお礼を申し上げます。皆さんのおかげ
で、この本を完成させることができました。

また、わくわくするイラストを描いてくださったフジタヒロ
ミさん、素材集めに伴走してくれた秘書の繁田翠氏、私にとっ
て想像力の源である長女と次女、そして飼い猫と飼い犬に感謝
を捧げます。そして最後に、宇宙に関わってきた多くの方々、
この地球上に生を受けた一人一人の命に敬意を表して。

さあ、宇宙はみなさんを待っていますよ!

2024年1月20日
日本初の無人月面着陸が成功した日に

山崎 直子

Special Thanks!

JAXA、NASA、ESA、トヨタ自動車㈱、ispace、ALE、
アストロスケール、エクスプローラーズジャパン、スカパー！、
バスキュール、ワンアース、クラブツーリズム・スペースツアーズ、
札幌市青少年科学館、国立科学博物館などの機関の方々
画像のご提供ありがとうございました！

参考文献

『新しい宇宙のひみつQ&A』的川泰宣著,朝日新聞出版,『宇宙探査ってどこまで進んでいる？』寺園淳也,誠文堂新光社,『宇宙日記』野口聡一著,世界文化社,『宇宙飛行士が答えた500の質問』R・マイクミュレイン著,三田出版会,『宇宙飛行士はどんな夢をみるか』立花正一監修,恒星社厚生,『宇宙へ「出張」してきます』古川聡著,毎日新聞社,『宇宙旅行入門』高野忠編,東京大学出版会,『きみは宇宙飛行士！』ロウイー・ストーウェル著,偕成社,『国際宇宙ステーションとはなにか』若田光一著,講談社,『心ときめくおどろきの宇宙探検365話』日本科学未来館監修,ナツメ社,『世界初の宇宙ヨット「イカロス」』山下美樹著,文溪堂,『地球一やさしい宇宙の話』吉田直紀著,小学館,『はじめての宇宙の話』佐藤勝彦著,かんき出版,『星空の飛行士』油井亀美也著,実務教育出版

宇宙飛行士は見た

宇宙に行ったらこうだった！【改訂版】

2024 年 4 月 23 日　　第 1 刷発行

著者	宇宙飛行士　山崎 直子
イラスト	フジタヒロミ
編集人	江川 淳子、諏訪部 伸一
発行人	諏訪部 貴伸
発行所	repicbook（リピックブック）株式会社
	〒 102-0084　東京都千代田区二番町 9-3　THE BASE 麹町
	TEL　070-4228-7824
	FAX　050-4561-0721
	https://repicbook.com
印刷・製本	株式会社シナノパブリッシングプレス

乱丁・落丁本は、小社送料負担にてお取り替えいたします。この作品を許可なくして転載・複製しないでください。紙のはしや本のかどで手や指を傷つけることがありますのでご注意ください。

© 2024 repicbook, Inc. / Naoko Yamazaki　Printed in Japan　ISBN978-4-908154-45-4